私は仕事の都合で宮崎県延岡市に住んだことがあり、現在は静岡県富士市に住んでいます。この間、延岡で5年、富士で5年、周りの草原や山々を訪ね、それらの生態系を観察してきました。特に蝶に関しては興味を惹かれていたので、今回、延岡市周辺と富士市周辺の蝶を比較しながら、それらに特有な自然の姿を記すことにしました。自然は、疑問を投げかければ投げかけるほど多くの答えをしてくれます。知的にも、美的にも興味が尽きるということはありません。数少なくなった日本の自然が一時的な流行等で壊されることなく、次世代の人々もこの楽しみが享受できることを願って、この本をまとめてみました。

CONTENTS

アゲハチョウ科	1
シロチョウ科	6
シジミチョウ科	11
テングチョウ科	33
マダラチョウ科	34
タテハチョウ科	36
ジャノメチョウ科	52
セセリチョウ科	61
カリフォルニアの蝶	68
延岡市内のフィールド	70
富士での楽しみ小林ポイント	72
終わりに	73

延岡市周辺の特徴

　南に常緑広葉樹林からなる尾鈴山系があり、北に落葉広葉樹林の大崩山系がある。少し足を伸ばせば阿蘇山や久住高原などの草原が広がっているので、延岡市を拠点とすれば九州のほぼ半分が行動範囲に入る。

富士市周辺の特徴

　富士川沿いの常緑広葉樹林、芦川流域の落葉広葉樹林と富士山麓の草原がある。遠出すれば南アルプスや八ヶ岳などの高山帯にも行動範囲を広げることができる。

1. ウスバシロチョウ
　静岡県芝川町、1991年5月3日
　ここではギフチョウとウスバシロチョウが同じ日に見られることがある。

2. ギフチョウ
　静岡県芝川町、1989年4月19日
　後翅に鳥のくちばしの後がある。鳥に襲われたが、尾状突起のおかげでうまく生き延びたようだ。

3. ホソオチョウ
　山梨県中道町、1989年5月2日
　山梨県では笛吹川を徐々に下るように分布を広げている。同じ日に釜無川との合流地点より下流でもホソオチョウを目撃した。静岡県側にはウマノスズクサは自生していないので、富士市までは来ないだろう。

4. ジャコウアゲハ
　延岡市櫛津町
　1983年4月23日
　自宅前のグミの花に来るジャコウアゲハ。延岡では家の中から観察できた。

5. ミカドアゲハ　延岡市愛宕町、1983年5月3日
ゴールデンウィークになると旭化成薬品工場のトベラの花にやって来る。

6. キアゲハ終令　延岡市大貫町、1986年7月27日
庭にウイキョウを植えていたら、キアゲハがいつのまにか卵を生んでいた。

7. アゲハ類の集団吸水
　延岡市祝子川
　1983年4月30日
　延岡ではアゲハ類の集団吸水がよく見られる。これは20頭弱の集団である。アゲハ、クロアゲハ、モンキアゲハ、カラスアゲハ、アオスジアゲハの5種類がいる。

8. モンキアゲハ　1984年4月28日、鹿児島県開聞町、南九州では最も良く見かけるアゲハチョウである。

9. ナガサキアゲハ　1986年9月27日、宮崎県延岡市
曼珠沙華が咲くとカラスアゲハやクロアゲハなどが吸蜜に来る。アゲハ類は赤い花が好きなようだ。
ナガサキアゲハは南国の蝶のイメージが強いが、曼珠沙華に来ているときはそんな感じを受けない。

アゲハチョウ科（Papilionidae）

ギフチョウとウスバシロチョウ

　ギフチョウ、ウスバシロチョウは富士市周辺に生息しているが、延岡市を含む九州には生息していない。富士市の隣の芝川町では、ギフチョウは主としてランヨウカンアオイとカギガタカンアオイを食草としている。富士川流域のギフチョウは大型のため人気が高く、季節になると東京方面からも採集者がたくさん押し掛けてくる。マナー良く数頭しか採集しない人達も多いが、人によっては手辺り次第に数十頭も採集して帰る。その中に雌が多数含まれている場合もある。更に卵を100卵以上採って帰る。同じ年に同じ場所で多数採集しても記録的な意味は全くないので、富士川流域のギフチョウを守るためにマナーある採集を望みたい。

　ウスバシロチョウは標高の低いところでは４月半ばから姿を見せ始め、標高の高いところでは６月の始めころまで飛んでいる。静岡県の芝川町では４月19日にギフチョウとウスバシロチョウを同じ場所で目撃したことがある。富士山麓では、本栖湖、根原、麓や人穴にウスバシロチョウが進出しており、その勢力範囲を年々広げている。種の盛衰を研究するうえで注目すべき現象である。

　ヒメギフチョウは長野県まで行けば結構姿を見ることが出来る。富士の近くにもいるにはいるが、なかなかお目にかかれない。本栖湖周辺はギフチョウとヒメギフチョウが混成しているルードルフィアライン上にあるので、いつかは本栖湖周辺でヒメギフチョウを見たいと思っている。延岡市周辺にもオナガカンアオイなどカンアオイ属は自生しており、全幼虫期間それらで飼育することができるので、食草の分布からギフチョウが九州にまで分布を広げていないわけではない。

　ギフチョウ、ウスバシロチョウともウスバシロチョウ亜科に属している。ウスバシロチョウ亜科は氷河期の生き残りとして有名で、ヨーロッパのアポロチョウのように主に寒冷地に好んで生息する。その中で、ギフチョウとウスバシロチョウは、温かいところを好む傾向があるので、富士市周辺にも生息しているが、流石に延岡までは無理なのであろう。ギフチョウは日本特産種である。しかし、その生息地が人間の活動地域と重なっているため、年々数が減少している。特に静岡県では、ゴルフ場の乱開発と杉林の放置がギフチョウの生息環境を狭めており、早急な保護対策が望まれる。特に、引佐町のように保護条例を設定した町村では、単に採集禁止の立て札を立てるだけでなく、杉林の間伐や広葉樹への転換で林の中に日光が入るようにして、ギフチョウの食草であるカンアオイの生息環境が保たれるような行政を望みたい[1]。

ジャコウアゲハとホソオチョウ

　カンアオイと同じウマノスズクサ科の植物を食草とするものに、ジャコウアゲハとホソオチョウがいる。ジャコウアゲハは延岡市、富士市の両方に生息し、その数も多い。ホソオチョウは1970年頃までは日本に生息していなかったが、その後人為的に日本に持ち込まれたものが土着したようである[2]。ホソオチョウは富士市の近くでは鰍沢辺りでも見られ、私は中道町でジャコウアゲハとホソオチョウの幼虫が同じウマノスズクサ上にいるのを安本さんと観察したことがある[3]。ホソオチョウはジャコウアゲハと違いオオバウマノスズクサは食べないが、ウマノスズクサが生えていてジャコウアゲハの少ないところを狙って分布を広げているようである。このままの勢いでホソオチョウが富士川を下ってくれば富士市まで勢力を伸ばしそうだが、静岡県側にはウマノスズクサは自生していないので、富士市までは来そうにない。延岡周辺にはどこにでもジョコウアゲハはいるが、東海海岸の奥の白浜では、海のすぐ傍に沢山飛んでいる。真青な海を背景に無数のジャコウアゲハが飛んでいる様は実に見ごたえがある。一方、富士市では丸火自然公園にジャコウアゲハが多い。６月頃には一本の木に20頭位が吸蜜しているのも珍しくなく、丸火公園にいる蝶は殆どがジャコウアゲハということもある。

アオスジアゲハとミカドアゲハ

　アオスジアゲハ属は日本に２種生息している。延岡市ではアオスジアゲハとミカドアゲハの２種とも見られるが、富士市ではアオスジアゲハしか見ることができない。どちらも町の中を飛んでおり、旭化成の工場内でも観察できる。特にクスノキが街路樹として好まれるので、アオスジアゲハは町中の蝶として目立つようになってきた。五月の連休になると、延岡の旭化成薬品工場の正門近くにトベラの花が咲く。このトベラには毎年必ずミカドアゲハが吸蜜にやってきて、アオスジアゲハと一緒に飛び回っていた。その姿を見たいために、休みにも拘わらず仕事

— 4 —

と称してよく会社に行ったものである。また、旭化成延岡支社の前の社宅にオガタマノキが垣根のように植わっていた。6月になるとそのオガタマノキにミカドアゲハの卵や幼虫がたくさんおり、苦労することなく見つけることが出来た。しかし、グラウンド整備のために、そのオガタマノキがすべて切られてしまったので、延岡へ出張に行く楽しみが一つ減ってしまったのは残念である。ミカドアゲハは延岡市内で見ることができる南国の蝶の代表的なものである。街路樹として食樹であるオガタマノキがたくさん植えられるようになると、ミカドアゲハの姿が延岡の各所で見られるようになり、楽しい街になると思う。

Swallow-tail（Papilio）

アゲハ属 (Papilio) は、延岡市および富士市周辺の双方に見られるものが多く、キアゲハ、アゲハ、モンキアゲハ、クロアゲハ、オナガアゲハ、カラスアゲハ、およびミヤマカラスアゲハの8種が両地域に生息している。この中で、モンキアゲハは延岡では最も数の多い種類である。少し山に入ってカラスザンショウを見てみると、たいていモンキアゲハの幼虫がついている。それに対し、富士ではモンキアゲハにめったにお目にかかれない。見るのは富士川沿いで、富士市内では岩本山公園、少し遡ると南部町付近で見かける。

ミヤマカラスアゲハは延岡では後翅裏面の黄白色帯が見られず、カラスアゲハに大変良く似ているので、残念ながら、あの春型カラスアゲハの美しい黄白色帯の入った姿は、延岡ではお目にかかれない。富士周辺では、春になって少し山に入ると、どこにでも黄白色帯のあるミヤマカラスアゲハ春型が飛んでいる。その中でも2合目林道など富士山麓は特に密度が濃い。

黄白色帯を持ったミヤマカラスアゲハは見られないが、その代わり延岡にはナガサキアゲハが飛んでいる。ナガサキアゲハにはアゲハ特有の尾状突起がないが、その飛び方はアゲハそのものである。特に大きくて後翅に白い模様のあるナガサキアゲハの雌の姿は雄大でいかにも南国情緒を漂わせている。写真などではナガサキアゲハがハイビスカスで吸蜜している姿を良く見かける。しかし、延岡は宮崎県と言っても北の方に位置し、落葉樹林も多いので、延岡のナガサキアゲハには、ハイビスカスよりも曼珠沙華が似合っていると思う。最近兵庫県でナガサキアゲハを採集したということを聞いた。タテハモドキやクロコノマチョウなどが確実に北上を続けているので、温暖化が進めばナガサキアゲハも富士周辺で見かけるようになるかもしれない。Papilioは柑を食樹にしているので、農薬の使用が減れば、人家近くでももっとたくさんの蝶が飛び回ると思う。幼虫が蜜柑の木を丸坊主にするのも困るが、少しは蝶のために薬をかけない葉を残して欲しいものである。

延岡市櫛津町のアゲハチョウ

延岡市櫛津町に住んでいたときは、自宅や近所の柑の木にアゲハ、クロアゲハ、モンキアゲハ、ナガサキアゲハが産卵しに来た。その中でナガサキアゲハの卵は一周り大きいので一目見てすぐそれと分かった。また、歩いて5分くらいの裏山では、キアゲハがシシウドに、カラスアゲハがカラスザンショウに、アオスジアゲハがクスノキに、そしてジャコウアゲハがオオバウマノスズクサに産卵に来ていた。いずれの蝶も数が多く、休みの日は一時間も散歩すれば充分楽しむことができた。ミカドアゲハも自宅の庭に飛んでくることがあったので、櫛津での生活はアゲハに関しては申し分のないものだった。

集団吸水

アゲハ類の集団吸水も延岡では数多く見ることができた。集団吸水するのは全て♂で口吻から水を吸っては排泄口から水を出す。塩分を取るためとか言われているが、本当のところは何の為か分かっていない。門川町の五十鈴川ではモンキアゲハがよく集団吸水をしており、多いときには30頭くらいの集団になっていた。アオスジアゲハの集団吸水は延岡付近ではごく普通に見られたが、多くても10頭前後であった。しかし、一度だけ高千穂町の岩戸で100頭近いアオスジアゲハが集団吸水しているのを見たことがある。さすがにその光景には圧倒されたが、残念なことにその時はカメラをもっていなかった。富士市周辺ではアオスジアゲハの集団吸水を目撃したことはない。クロアゲハ、カラスアゲハも集団吸水する。特に良く見かけたのは北川町の藤河内渓谷であった。アゲハ類はこのように同一種で集団吸水するが、ただ一箇所祝子川では、アゲハ、クロアゲハ、カラスアゲハ、モンキアゲハとアオスジアゲハが一緒に集団吸水する所があった。富士市周辺では集団吸水というのは見たことがなく、せいぜい3～4頭が吸水している程度である。蝶の数では延岡の方がかなり多い。

10. ヒメシロチョウ
熊本県高森町
1986年8月30日
ツルフジバカマに産卵中のヒメシロチョウ。産卵するときはお尻と一緒に触覚も前に倒す。

11. モンキチョウ
熊本県白水村、1985年5月12日

雌を追尾する雄

12. キチョウ
延岡市三輪町、1985年10月6日
キチョウも集団になって吸水することが多い。延岡でも富士でも良く見かける。左奥に白く写っているのはウラギンシジミ。

— 6 —

13. ミヤマシロチョウ　長野県茅野市、1991年7月24日
高山蝶に成りきれないこの蝶は、別荘、スキー場開発でめっきり少なくなった。

14. ヤマキチョウ
　山梨県上九一色村、1989年8月12日
　雌を追いかける雄のヤマキチョウ。ここのヤマキチョウは夏に交尾を行うようだ。

15. スジボソヤマキチョウ越冬成虫
　長野県富士見町、1990年5月1日
　ヤマキチョウと違ってスジボソヤマキチョウの越冬個体はボロボロである。いかにも厳しい冬を耐えてきたという存在感がある。

16. スジボソヤマキチョウ孵化
山梨県市川大門町、1991年5月3日
このクロウメモドキには14卵が産みつけられていた。枝に産むもの、葉に産むもの個体によって差があった。

17. モンシロチョウ
延岡市天下町、1985年3月17日
少し暖かくなって来た頃に天下の植物園に行くと、菜の花畑はモンシロチョウで一杯だった。一番右の雌は交尾拒否をしている。

18. ツマベニチョウ蛹
鹿児島県指宿市、1985年6月8日
羽化直前の蛹には、つま先のオレンジ色が良く見える。

19. ツマキチョウ一令幼虫
延岡市大貫町、1984年5月6日
自分の入っていた卵殻を食べる一令幼虫。貴重な栄養源である。

シロチョウ科（Pieridae）

ヒメシロチョウ

　シロチョウ科の中で最も原始的なヒメシロチョウは富士山麓と阿蘇山麓に棲んでいる。延岡から高千穂を通って行くと、2時間もあれば阿蘇山麓に着く。富士山や阿蘇山の火山性草原や麓の集落近辺に生息地が多い。飛び方は面白く、羽は良く動かすのだがそれほど早くないので、必死になって飛んでいるという感じである。成虫は4月から姿を見せ始め、6月の半ばを過ぎると一旦姿を消し、8月にまた姿を見せる。食草はツルフジバカマで、雌はこの草を探すために、いろんな草に止っては足で食草かどうか確かめる。ツルフジバカマはマメ科の植物で、クサフジに似ているが、全体の感じがゴワゴワしており、花期も異なるので、慣れればすぐに見分けがつく。そしてツルフジバカマを見つけると、お腹を上にして触角を曲げて卵を生む[4]。繁殖力は強いので、環境さえ保存されていれば、同一場所に多数のヒメシロチョウが飛んでいる。この可憐な蝶も、その好む環境からゴルフ場の影響を最も受けやすい種類の一つであり、富士山麓では数が急減している。

モンキチョウ

　モンキチョウが属するColias属は世界的に見ると非常に勢力が強く、80種類もの蝶が含まれている。分布も広く、特に北半球に多い。その中で日本にはミヤマモンキチョウとモンキチョウだけが生息している。ミヤマモンキチョウは日本アルプスの高山地帯に分布し、珍しい高山蝶として有名である。それに対し、モンキチョウは田畑にもいるごく普通の蝶である。しかし、世界的に見るとどちらも一般的で単に分布域が北か南かというだけであるらしい。

　春レンゲ畑で少し速く飛ぶ黄色い蝶がいれば、たいていモンキチョウである。ピンク色の絨毯の上を雌を追いかける黄色い蝶があちこちに飛んでいる様は、日本の春の姿そのものである。しかし、最近は化学肥料が発達し、レンゲを肥料として使うことが少なくなってきたようである。私の勤めている会社でも高度化成肥料を製造しているので、便利さと伝統的な美しさの双方を満たすような解決方法を企業が環境問題として考えるような時代になればと思っている。

Butter-colored fly

　延岡周辺では見かけず、富士周辺で良く見かけるものは、ヤマキチョウとスジボソヤマキチョウである。スジボソヤマキチョウは全世界に広く分布し、ヨーロッパでも普通に見られるようである。スジボソヤマキチョウは英語ではBrimstoneというが、バター色をした飛ぶ虫（Butter-colored fly）ということでヤマキチョウに似たCleopatraとともに、蝶（Butterfly）の語源になったと言われている。ヤマキチョウはおもに富士山麓に、スジボソヤマキチョウは富士山を囲む山々に生息している。スジボソヤマキチョウは過去に祖母山で採集されたらしいが、現在は九州には生息していないと考えられている。ヒメシロチョウが阿蘇山にいるのだから、生息環境の似ているヤマキチョウがいてもおかしくないと思うのだが、蝶の方にも色々言い分があるのだろう。

　スジボソヤマキチョウの食樹はクロウメモドキとクロツバラである。クロウメモドキへの産卵状況を観察したことがあるが、産卵箇所が枝であったり葉であったり、更に葉でも中央付近であったり、端であったり様々であった。それらを区別していくと面白いことに個体によって差のあることが分かった[5]。蝶にも個性があることが分かって尚更身近に感じるようになった。

　ヤマキチョウも成虫で越冬して春卵を産む。食樹はクロツバラであるが、スジボソヤマキチョウよりも産卵時期が少し遅く、時期によって棲み分けているようである。ヤマキチョウはスジボソヤマキチョウとは異なり、東アジアの限られた所にしか分布していない。そんな蝶が富士山麓に生息しているのだから何とか生息地を守りたいものである。数が少なくなる中、春一番に富士山麓でヤマキチョウの越冬個体に出会うと今年も無事だったかと何かほっとする。

成虫越冬

　シロチョウ科の蝶はアゲハチョウ科の蝶に似ていると言われているが、アゲハチョウ科の蝶がすべて蛹で越冬するのに対し、シロチョウ科の蝶の中にはタテハチョウ科の蝶のように幼虫や成虫で越冬するものもいる。成虫で越冬するのは、ヤマキチョウ、スジボソヤマキチョウ、キチョウとツマグロキチョウである。成虫越冬のため、キチョウなどは春早い時期でも姿をみかけることがある。キチョウは人里近くにおり、良く目立つので、年が開けてすぐの頃新聞などでもう蝶が飛んでいると話題になるのはた

いていキチョウである。キチョウとツマグロキチョウは延岡にもいるが、ツマグロキチョウは延岡の方が数が多い。延岡市に住んでいたころ、冬の暖かい日に裏山に行くと、タテハモドキ、ムラサキツバメに混じってかなりのツマグロキチョウが飛んでいたのを良く覚えている。

モンシロチョウ

一般の人にとって、蝶といえばアゲハ（ナミアゲハ）かモンシロチョウである。アゲハは東アジアにしか分布しないが、モンシロチョウは世界中の何処でも見られる。モンシロチョウは菜の花やキャベツなどのアブラナ科の栽培植物を食草としているので、その分布域は人類の活動地域と密接に結びついている。北米大陸、ニュージーランドやオーストラリアへはヨーロッパから人と共に分布を広げたのは良く知られている。そのため世界中に分布していると言っても、山の中に行くと、殆ど姿を見ることがない。変わりにアブラナ科植物でもタネツケバナなどの野生植物を食草とするスジグロシロチョウが多くなる。従って、モンシロチョウの正確な分布域は、「世界中の人の住んでいる所どこでも」である。モンシロチョウは繁殖力が強いので、いつでも身近に飛んでいるのだが、一番奇麗だと感ずるのは、春始めて姿を見せるときである。春になって菜の花が咲き誇る頃、黄色一面の斜面を沢山のモンシロチョウが飛び回っているのが最も印象的である。

ミヤマシロチョウ

ミヤマシロチョウも最近数が急減した蝶の1つである。それでも八ヶ岳の麓へ行けば姿を見ることができ、アザミなどの花で良く吸蜜している。飛び方はゆっくりで、その姿はウスバシロチョウとスジグロシロチョウの丁度中間のようである。現在は数が減ったので、八ヶ岳では採集禁止になっている。昔は八ヶ岳山麓では何処にでもいた蝶であるが、別荘開発、ゴルフ場やスキー場のために激減した。北アルプス麓の上高地ではホテルや駐車場が出来たことによる生息環境の悪化のために絶滅してしまった。そして、減ったのは採集者のせいだと言われ、採集禁止になった。私は採集はしないが、蝶も蠅と同じ昆虫なので、環境さえ整っていれば少々採集しても数が減るようなことはないと思う。モンシロチョウの幼虫をいなくするために、あれだけ農薬を使っても、キャベツ畑があればモンシロチョウが絶滅しないのと同じ理屈である。確かにマナーの悪い採集者もいるが、希少種の保護は重要な問題なので、単に採集禁止ということではなく、生態系も含めた正しい議論が必要だと痛感している。

Orange Tip

ツマキチョウも延岡、富士どちらにも生息している。日本では高山性のクモマツマキチョウの方が希少種として人気があるが、世界的に見れば東アジア特産のツマキチョウの方が希少であり、その姿も愛らしいと感じる。この蝶も春の1-2週間しか姿を見せない。蛹で約一年を過ごすのだが、なかには一年以上も蛹のままのものがいる。延岡で飼育したもので、富士に転勤した後に羽化したものがいたが、それはちょうど3年経っていた[6]。飲まず食わずで3年とはたいしたものである。

クモマツマキチョウは静岡県にも生息しているが、南アルプスの奥深い所だけである。世界的には一般的であると言っても、日本産のものは氷河期から日本に隔離されているものなので、大切にしたいものである。

ツマキチョウを大きくすると、ツマベニチョウになる。形が似ているだけでなく、ツマベニチョウはツマキチョウの食草であるイヌガラシでも飼育することができる。幼虫は終令になるとかなり大きくなり頭部には蛇の目玉の様な模様が付いている。更にご丁寧なことには、幼虫に触ろうとすると頭を持ち上げて、蛇が威嚇しているような格好をする。自然状態ではそうすることで何回かは鳥の襲撃を回避しているのであろう。ツマベニチョウの蛹は羽化前になると羽の模様が良く見えてくる。オレンジ色の袖が付いたしゃれた洋服を着ているようで大変奇麗である。延岡でも迷蝶として飛んでいるのを一度目撃したことがあるが、延岡にはツマベニチョウの食樹であるギョボクが自生していないので繁殖はしていない。九州本土では最南端の佐多岬や指宿に生息している。指宿には人工的に植えられたギョボクが多いので町中でも見られるが、佐多岬はギョボクが山中に生えているので少し山に入ったところに多い。ツマベニチョウの飛び方はとてもシロチョウ科の蝶とは思えないほど力強い。特に印象的だったのは、佐多岬の先端で山から山へと大きな白い蝶が飛び回っている風景であった。100m位の標高差ならあっと言う間に山の下から頂上まで飛んでしまう。まさに南国の蝶という感じであった。そういう意味でも、ツマベニチョウにはハイビスカスが良く似合っている。

20. ルーミスシジミ卵と一令幼虫
　宮崎県木城町、1986年4月19日
　ムラサキシジミとムラサキツバメは卵も幼虫も蛹も非常に似ており、大きさだけが違う。それに対してルーミスシジミは成虫ほど似ていない。特に卵は饅頭型で産卵箇所も目につかず、他の2種とは全く異なる。

21. ルーミスシジミ
　宮崎県木城町、1986年5月25日
　ルーミスシジミの食樹はイチイガシである。宮崎のイチイガシは伐採が激しく大木はもう殆ど残っていない。そのためルーミスシジミは細々とその命を繋いでいる。日本全体でも珍しい蝶なので、何とか絶滅しないようにしたいものである。

22. ムラサキツバメ　延岡市櫛津町、1982年12月12日
　延岡の櫛津町に住んでいたときは蝶に関しては天国だった。真冬でも天気の良い日はムラサキツバメが自宅玄関前のヤツデやセンリョウに止っては日向ぼっこをしていた。夜になると、多いときには10頭近くが固まってヤツデの影でじっとしていた。

23. ウラゴマダラシジミ
　山梨県三珠町、1991年5月16日
　延岡に住み初めてすぐ、高千穂町でウラゴマダラシジミが飛んでいるのを見たことがある。そのときは宮崎にも結構いるんだなと思っただけなのだが、その後8年近く宮崎では目撃することなく富士へ転勤となった。大分では見ることができたが、結局宮崎では幻の蝶であった。

24. ウラキンシジミ
　宮崎県延岡市、1986年6月7日
　ウラキンシジミは延岡ではシオジに、富士の近くではアオダモ類を食樹としている。写真はシオジにとまったウラキンシジミ

25. ムモンアカシジミ　山梨県三珠町、1990年7月22日
　小林ポイントのムモンアカシジミ。コナラとクヌギの林の中で生活している。卵はコナラから見つかった。このポイントで見ることができるゼフは、ウラゴマダラ、アカシジミ、ウラナミアカ、ムモンアカ、ミズイロオナガ、オナガ、ダイセン、メスアカミドリ、オオミドリの9種である。

26. アカシジミ
　山梨県三珠町、1989年6月21日
　延岡ではアカシジミを探すのに苦労した。成虫は少ないし、卵はカモフラージュがしてあって見つけにくい。富士では簡単に成虫が見られる。特に栗の花にはたくさんのアカシジミが吸蜜に来る。

27. ウラナミアカシジミ
　山梨県長坂町、1988年7月3日
　アカシジミより少し遅れて姿を見せる。九州にはいないので、富士に移ってウラナミアカを見たのは、中学のとき京都で見て以来じつに23年ぶりだった。

28. ミズイロオナガシジミ幼虫
　宮崎県高千穂町、1986年4月30日
　ミズイロオナガの幼虫は他のゼフの幼虫とは違い、ゾウリムシのような形をしている。クヌギ、コナラ、カシワなど何にでも産卵し、個体数も多いので、延岡でも、富士でもよく見かけた。

29. オナガシジミ
　山梨県三珠町
　1989年7月22日
　延岡周辺にもいるとは聞いていたが、幻の蝶だった。白をベースに黒い点とオレンジがうまくマッチした奇麗な蝶だ。

30.ウラクロシジミ
山梨県芦川村
1989年6月21日
マンサクがあればたいてい見つかる蝶である。延岡ではマンサクは高い山にしか自生していないので、この蝶も高山性である。富士周辺ではもう少し低いところでも見かける。

31.ウラミスジシジミ
（ダイセンシジミ）
山梨県三珠町、1989年7月1日
九州では成虫を久住で見たことがある。近くのクヌギを探しても卵は見つからなかった。山梨では、林の中のコナラから卵が見つかった。成虫は栗に吸蜜に来る。

32.ミドリシジミ
大分県九重町、1986年7月19日
九州ではハンノキを、富士ではミヤマハンノキを食樹としている。

33.メスアカミドリシジミ
山梨県三珠町、1989年6月25日
メスアカミドリは九州にも結構多い。これを写したとき、近くにはウラナミアカとミスジチョウがいた。

34.アイノミドリシジミ卵　宮崎県北川町、1985年1月18日

35.ヒサマツミドリシジミ　宮崎県木城町、1983年6月

36.ハヤシミドリシジミ　山梨県下部町、1989年7月1日

37.キリシマミドリシジミ孵化　宮崎県延岡市、1991年5月1日
　精孔が黒く開いてから、一令幼虫が完全に出きるまで16時間ほど掛かる。しかし、一旦殻から出始めると出終わるまで10分くらいである。

38. キリシマミドリシジミ
宮崎県延岡市、1989年6月
延岡市内に生息するゼフィルスの代表格である。雌の裏羽は特に奇麗である。

39. ウラジロミドリシジミ
宮崎県高千穂町、1986年6月8日
宮崎県と熊本県の境目がちょうどウラジロミドリとハヤシミドリの境目でもある。どちらもナラガシワで発生している。富士周辺にはウラジロミドリはいない。

40. フジミドリシジミ
宮崎県北方町、1986年6月
富士の名前の付いたゼフィルス。延岡の近くでは高山地帯のブナに細々と子孫を残し続けている。

41. ジョウザンミドリシジミ　長野県茅野市、1984年8月1日
　Favonius 7種のうち5種しか延岡では見ることができなかった。ジョウザンミドリは残り2種の内の1つである。九州では憧れのゼフだった。

42. オオミドリシジミ卵　宮崎県北川町、1985年1月18日
　オオミドリはコナラの枝部に産卵する。

43. クロミドリシジミ
　熊本県蘇陽町、1985年5月1日
　クロミドリの終令は食事以外はこのようなポーズで枝の分岐部でじっとしていることが多い。

44. エゾミドリシジミ
　宮崎県北川町、1985年6月
　オオミドリ、ジョウザンミドリとエゾミドリは成虫では殆ど区別がつかない。幼虫の方が個性がある。

シジミチョウ科（Lycaenidae）

ムラサキシジミ族

　ムラサキシジミ族は延岡の方が富士より恵まれている。ムラサキシジミとムラサキツバメは延岡市街にも生息しており、ルーミスシジミは尾鈴山まで行けば出会うことが出来る。これに対し、富士周辺ではムラサキシジミしか見ることが出来ない。ムラサキシジミとムラサキツバメは食樹がアラカシとマテバシイとの違いがあるが、卵、幼虫、蛹の形、幼虫の巣の作り方、成虫で越冬することなど似ている点が多い。卵、幼虫、蛹ともムラサキツバメの方が大きい。ムラサキツバメは越冬する際、集団になることがある。延岡市櫛津町の自宅でも庭先のヤツデやセンリョウに5～10頭が寄り添って越冬しており、冬の暖かい日には羽を広げたムラサキツバメの姿を良く見かけた。延岡市の旭化成薬品工場にはマテバシイが植えられており、結構ムラサキツバメの幼虫を見つけることができた。成虫も薬品工場内で目撃でき、越冬中の成虫も良く見かけた。1982年11月25日にムラサキツバメが数頭薬品工場北門近くのマテバシイで越冬しているのを見つけたが、そのうちの1頭は12月15日までの20日間まったく同じ場所に止っていた。

　ルーミスシジミの成虫はムラサキシジミに似ているが、卵や蛹は前の2種とは少し異なる。特に卵は白い饅頭型で、きれいな模様の入ったムラサキシジミやムラサキツバメと大きく異なる。ルーミスシジミの食樹はイチイガシである。春の早い時期尾鈴山に行くとイチイガシの周りを飛んでいる成虫を目にする。しかし、尾鈴山は広葉樹林の伐採が激しく、このままではイチイガシがなくなり、それによって宮崎のルーミスシジミも激減するのではないかと心配である。尾鈴山の広葉樹林を残すよう、地元の人に期待したい。

ゼフィルス（Zephyrus）

　シジミチョウの中のミドリシジミ族24種をゼフィルスと呼び、シジミチョウの中では大型で雄が金属光沢を持つものが多い。英語のzephyrがそよ風の意味があるように、ゼフィルスという名はギリシャ神話の西風神に由来する。ナラ、カシワ、カシなど、日本の植生を代表する広葉樹林を食樹とするものが多く、日本的な風景の残っている森には確実に棲息している。広葉樹林の間をチラチラと飛んでいる様はまさにゼフィルスの名に値するものがある。ただ、このような広葉樹林はゴルフ場、スキー場や別荘地開発のため確実に減ってきている。特にバブル景気に踊らされていた頃のリゾート法による破壊は目に余るものがあった。

　幸いなことに、延岡と富士に住むことで、私はゼフィルス24種のうちチョウセンアカシジミ、ウスイロオナガシジミとヒロオビミドリシジミの3種を除く21種を撮影することができた。延岡周辺では個体数は少ないが、大分、熊本、宮崎の3県で観察できたものを合わせると17種にもなる。富士に来て初めて見ることができたのは、ムモンアカシジミ、ウラナミアカシジミ、オナガシジミ、とジョウザンミドリシジミの4種であった。

ウラゴマダラシジミとウラキンシジミ

　ウラゴマダラシジミは、富士市周辺ではごく普通に見られ、本栖湖岸ではレストランの窓のすぐ外を飛んでいたこともあった。しかし、延岡市周辺ではかなり山間部に入らなければ見ることができず、久住高原以外では宮崎県高千穂町で一頭目撃しただけである。ウラゴマダラシジミはヒメシジミ族に似ており、ゼフィルスの中では最も下等だと言われている。しかし、その飛び方は他のゼフィルスの様にせわしげでなく、栗の花の周りを飛ぶときなどは優雅であり、むしろ品の良さを感じさせる。

　ウラキンシジミは富士市内には棲息していないが、延岡市内には棲息している。ただ市内と言っても、林道を10kmばかり入った山の中である。富士市の近くでは山梨県まで行くと観察できる。延岡と富士では、ウラキンシジミの食樹が違っており、延岡ではシオジを、富士ではアオダモ類を主な食樹としている。シオジもアオダモもモクセイ科トネリコ属の樹木なので違うと言っても、蝶にはそれほど違いはないのかも知れない。

ムモンアカシジミ、ウラナミアカシジミ、アカシジミ

　ムモンアカシジミとウラナミアカシジミは九州には産しない。延岡周辺にもいるのはアカシジミだけである。ムモンアカシジミは富士周辺でも局地的で、発生期間も短い。そのため、産地を探すのは非常に難しいが、一旦産地が分かると日時さえ間違えなければかなりの確率で観察することはできる。ムモン

アカシジミの幼虫は生活のかなりの部分を蟻に依存しているので、棲息環境が限定され、そこから離れることができないようだ。ウラナミアカシジミは富士周辺では多くの個体数を見ることができる。アカシジミよりも少し発生が遅く、個体数もアカシジミよりは少ない。6月になるとアカシジミが出てきて、少し経つとウラナミアカシジミが飛び、その後どちらも姿が見えなくなって、7月の半ば過ぎからムモンアカシジミが飛び初めるというのが富士周辺のサイクルである。

ムモンアカシジミの赤色は他の2種よりもかなり濃いので、クヌギやコナラの樹上を飛び回っているとすぐにそれと分かる。谷を挟んだ山間を夕方ムモンアカシジミがチラチラ飛び回るのを見ていると今年も無事だったかとほっとする。いつまでもコナラやクヌギを用いた椎茸栽培が産業として成り立つようにしたいものである。

アカシジミは富士周辺では最も個体数が多く、昼間は一本の栗の木で10頭近くが吸蜜し、夕方になると渓流沿いをやはりかなりの個体数が飛び回る。その乱舞する姿は非常に美しく、静止しているときのアカシジミとは比べものにならない。一方、九州にもアカシジミは棲息しているとは言うものの、その姿を見つけることは容易ではなく、確実に見ようとするなら高千穂町まで行かねばならない。しかし、延岡市内にも棲息しており、私も祝子川で成虫の死骸を見つけたことがある。

ミズイロオナガシジミ、オナガシジミ

ミズイロオナガシジミは延岡でも富士でも最も一般的なゼフィルスで良く姿を見ることができる。それでも延岡市内で見ることは難しく、やはり高千穂町までは行かねばならない。オナガシジミは九州にもいるらしいが、残念ながら私は出会ったことがない。富士周辺では山梨県まで行けばたくさんおり、見つけるのにそれほど苦労する種類ではない。延岡に居るときに、あれほど苦労してオニグルミを探し回っていたのが嘘のようである。

ウラクロシジミ、ウラミスジシジミ

ウラクロシジミは延岡周辺にも富士周辺にも生息している。ただ、延岡では徒歩でかなり登り詰めないと棲息地には辿り着けないのと異なり、富士周辺では車を止めれば車の中からでも観察できるような場所に棲んでいる。この違いは食樹であるマンサクの分布が原因である。コナラやクヌギと異なり、延岡では大崩山のような高山に行かないとマンサクが見られないからである。これに対し、山梨辺りでは標高500m位の民家のすぐ近くでもマンサクが自生しており、栗の花が咲くころには良く吸蜜に来ている姿を見かける。

ウラミスジシジミはダイセンシジミとも呼ばれ、九州では非常に個体数が少ない。大分県の久住高原で成虫を2頭目撃しただけで、食樹であるコナラやクヌギは沢山あるのに卵を見つけることはできなかった。富士近くでは山梨県の三珠町で初めて卵を見つけることができ、成虫も何回か目撃しているので、それほど個体数が少ないとは思われない。しかし、ウラクロシジミやアカシジミに比べるとかなり少ないようだ。ウラミスジシジミを卵から育てるとき、終令幼虫の時にクヌギやコナラの幹のコルク質を与えないと自然状態のような羽の尖った成虫にはならない。これは沼津の伊藤さんから教わったことで、確かにコルク質を与えると良く食べ、成虫の羽も立派に尖っていた。

ミドリシジミ

緑色の金属光沢があるゼフィルスの中では、オオミドリシジミと共に最も民家に近い所に棲み、馴染みの深い蝶である。ミドリシジミは民家に近い雑木林が住処で、食樹が限られているため、例外に漏れず開発の影響を受けている。新聞記事によると神奈川県では殆ど壊滅状態らしい。ミドリシジミは他の金属光沢のあるゼフィルスの多くがブナ科を食樹とするのに対し、カバノキ科のハンノキ属を食樹としている。九州ではやはり久住高原近くにしかいないが、富士近くでは富士山麓や伏流水で有名な柿田川にも棲息している。

Chrysozephyrus

メスアカミドリシジミ、アイノミドリシジミ、ヒサマツミドリシジミとキリシマミドリシジミがChrysozephyrusである。メスアカミドリシジミはサクラを食樹とし、延岡および富士周辺のどちらの地域にでも個体数は多い方である。そうは言っても卵の見つけやすさから類推しているだけで、延岡では成虫を見たことはなかった。サクラのようなバラ科を食樹としているだけあって他の2種とは幼虫の形態はかなり異なっており、パッと見た目にはゼフィルスの幼虫の様には見えない。延岡周辺では尾鈴

山、傾山のような高いところでないと見つけられないが、山梨県などでは標高300m位のところにも生息している。

ヒサマツミドリシジミはかっては幻の蝶であり、食樹が確認されたのは1970年である。食樹はウラジロガシということでマニアによる食樹伐採問題が起きたのは静岡県であった。延岡周辺では尾鈴山系に生息しているが、卵はウラジロガシよりもイチイガシに多く産み付けられている。尾鈴山系のイチイガシはルーミスシジミの食樹でもある。ヒサマツミドリシジミは日本特産種なので、何ら経済的効果もない尾鈴山の広葉樹伐採は再考したいものである。

キリシマミドリシジミは延岡市内に生息し、富士市内の須津川上流にもいる。どちらの地域でも食樹はアカガシである。富士では愛鷹山の渓流沿いに、かなりのぼり詰めないと見られないが、延岡市では林道を車で入って行くとすぐ脇のアカガシから卵が見つかる。延岡出張の際には、スーツ姿でも採卵できるので、これを大名採卵と言っている。ただ、孵化する期間が長く、カビにやられ易いので、飼育はけっこう面倒である。キリシマミドリシジミは他のミドリシジミとは異なり羽の裏が白い。特に雌の裏羽が奇麗である。常緑広葉樹林の谷間で雄同志が縄張り争いをして卍に飛んでいるのを見ると実に力強く、いかにも南国のゼフィルスというイメージである。

キリシマミドリシジミは全国的には珍しいが、富士市と延岡市のどちらの市内にも生息しているので、この2つの市を結ぶ、蝶の1つとして名前を挙げるのに相応しいと思う。

フジミドリシジミ

宮崎県の霧島という名前が付いたキリシマミドリシジミの次は、そのものずばり富士の名の付いたフジミドリシジミである。この蝶は日本特産種でブナを食樹にしている。富士山で発見されたのでフジと言う名が付いているが、九州にも生息している。しかし、九州では食樹のブナが高山帯にしか自生していないので、フジミドリシジミも九州山地の極めて局地的な高山帯でしか見られない。一方、富士山周辺の山ではブナやイヌブナは沢山自生しており、フジミドリシジミの報告も多い。しかし、残念ながら私は富士周辺ではまだフジミドリシジミを見たことがないので、富士市に勤務している間に是非一度は出会ってみたいと思っている。

Favonius

オオミドリシジミ属Favoniusには7種類が含まれている。更にこの7種はカシワを食するもの3種、クヌギを食するもの1種およびナラを食するもの3種の3つに分けることができる。カシワやナラガシワを食樹とするものは、ウラジロミドリシジミ、ハヤシミドリシジミとヒロオビミドリシジミである。このうちヒロオビミドリシジミは延岡および富士周辺どちらにも産しない。延岡周辺では宮崎県と熊本県の境にウラジロミドリシジミとハヤシミドリシジミの境界があり、どちらもナラガシワを食べている。この2種は地域によって棲み分けているらしい。大分県まで行くとカシワの木ではハヤシミドリシジミが多く見られる。富士山麓は久住高原と似ており、カシワは多い。そこにはハヤシミドリシジミが多いが、ウラジロミドリシジミは生息していない。7月の夕刻、20〜30頭のハヤシミドリシジミの雄が一本のカシワの大木の周りを乱舞している様はすばらしく、何時間見ていても飽きることはない。ただ、富士山麓はゴルフ場開発が激しくハヤシミドリシジミの生息地が激減していることに心が痛む。人間が生きて行くうえでの開発はある程度必要かも知れないが、単なる遊びで、かつ無知故に何万年も続いてきた生物種を簡単に絶滅させるのは人間の傲慢以外の何物でもないだろう。

Favoniusでクヌギを食樹とするのはクロミドリシジミ1種である。名前のとおりこの蝶の羽は雄でも緑色ではなく黒色である。生息地は局地的であるが、延岡、富士のどちらでも会いに行くことができる。延岡周辺では高千穂に、富士周辺では山梨に産地がある。

オオミドリシジミ、エゾミドリシジミとジョウザンミドリシジミはコナラとミズナラを食樹としている。オオミドリシジミは、アカシジミ、ミズイロオナガシジミとともに最も一般的なゼフィルスで、フィールドで出会う確率は大きい。延岡市内でもかなり山奥には生息しているが、久住などへ行けばもう少し楽に見ることができる。富士では、市内の山でも数は少ないが見る可能性はある。エゾミドリシジミはオオミドリシジミに比べると山地性で、延岡周辺ではかなりの高山、富士周辺でも標高1000m近くでないとお目にかかれない。ジョウザンミドリシジミは九州には生息しておらず、富士でのみ観察できる。一番近いところでは四尾連湖で、八ヶ岳まで行けば確実に観察できる。

45. ミヤマカラスシジミ　静岡県富士宮市、1985年7月14日
　富士山麓のクロツバラにはミヤマカラスシジミの卵が沢山産み付けられている。九州で卵を見つけるのは一苦労だった。

46. カラスシジミ蛹
　宮崎県北川町、1986年5月5日
　カラスシジミはミヤマカラスシジミとは反対に、延岡付近の方が数が多い。この時期ハルニレを探すと蛹が見つかる。

47. トラフシジミ産卵
　熊本県白水村、1985年5月12日
　クララに産卵する春型の雌。卵は饅頭型で緑色をしている。

— 21 —

48. コツバメ卵 長野県富士見町、1990年5月1日
ドウダンツツジに産み付けられた卵。

49. ベニシジミ
延岡市大貫町
1985年6月24日
　どこにでもいるが、奇麗な蝶である。数が少なければ人気ものになったであろう。

50. ゴイシシジミ
　延岡市櫛津町、1983年9月23日
　タケツノアブラムシのコロニーに卵を産む。

51. ゴイシシジミ幼虫
　延岡市櫛津町、1983年9月26日
　幼虫は肉食でタケツノアブラムシを食べて育つ。写真はタケツノアブラムシを襲っている一令幼虫。

— 22 —

烏、虎斑、紅、碁石、黒

カラスシジミ族

　カラスシジミ、ミヤマカラスシジミとコツバメが延岡および富士周辺に生息している。延岡ではミヤマカラスシジミが少なく、カラスシジミの方が見つけやすい。それでもカラスシジミの成虫を見ることは少なく、専ら蛹を探すことになる。蛹は渓流沿いのハルニレの幹や枝で見つかる。卵は小さくて高いところに産み付けられるので、見つけるのが難しく、延岡にいる間に1卵しか見つけることができなかった。ハルニレはシータテハの食樹でもあるので、場所を覚えておけばカラスシジミとシータテハの両方に出会うことができる。富士ではカラスシジミは少なく、たまに見たという情報を聞くが、私はまだ見たことがない。

　ミヤマカラスシジミはカラスシジミとは逆に、富士周辺には多く、延岡では見ることが難しい。富士周辺では富士宮まで行けば成虫を見ることができ、クロツバラがあれば一本の木から十数個卵が見つかることも珍しくはない。それに対し、延岡周辺では平地ではまず見ることができず、高山まで行ってやっと数卵見つかる程度で、成虫を目撃することはまず無理である。延岡ではクロウメモドキが食樹のことが多い。

　コツバメは春の蝶でスギタニルリシジミ、ミヤマシジミの次に姿を見せる。食樹としてアセビとドウダンツツジを選ぶことが多い。アセビは常緑樹でコナラやミズナラなどの落葉樹の中に生えるので、冬場は非常に目立つ。冬季にそのように目立つアセビの場所を見つけておいて、春そこに行くとコツバメを観察することができる。富士では少し山に入ると生息しているが、延岡では相当山奥まで入らないと観察することができない。

トラフシジミとベニシジミ

　トラフシジミとベニシジミは延岡でも富士でも目撃できる。トラフシジミは春型と夏型がいるが、春型は白色が鮮やかで特に奇麗である。どこにでもいる蝶であるが、個体数がそれほど多くなく、多くの植物を食草としているので、狙っていって写せる蝶ではない。むしろ他の蝶を写しに行って偶然に出会うことが殆どである。この写真もオオルリシジミを写しに行ったときに、偶然産卵している春型を見つけたものである。ただ、延岡市櫛津町に住んでいたときは、4月になると庭のコデマリの白い花に吸蜜に来ていたので、写真を撮るのには苦労をしなかった。トラフシジミの卵はシジミチョウにしては珍しく白色ではなく緑色をしている。饅頭型で緑色なので顕微鏡を通してみると和菓子のようである。

　ベニシジミは人間の生活に近いところに多い。畑、グラウンド、堤防や庭などでよく飛んでいるのを見かける。町中にも結構いて、延岡市内、富士市内どちらでも観察できる。食草がスイバなので、スイバが生えるところではどこでも繁殖できるようだ。それほど簡単に出会える蝶であるが、赤色をベースとした姿は美しさではトップクラスである。もしこの蝶が、一年のうち限られた時期に限られた地域でしか見られなければ、人気ナンバーワンに成っているのは間違いない。

ゴイシシジミとクロシジミ

　ゴイシシジミもベニシジミ同様延岡市内と富士市内のどちらでも見ることができる。しかし、ベニシジミとは違って、非常に限られた場所でしか見ることができず、その場所も年によって変わることがある。その理由は、ゴイシシジミが草食ではなく肉食でアブラムシを餌としているからである。延岡では櫛津町の裏山でよく見かけた。クロコノマチョウやタイワンツバメと同じ場所に飛んでおり、付近の笹の葉をめくると、たくさんの白いアブラムシが付いていた。アブラムシの名前はタケツノアブラムシと言い、笹や竹に付くアブラムシである。成虫はこのアブラムシのコロニーの中に卵を産み、幼虫はアブラムシを食べて大きくなる。幼虫が小さいうちは餌を食べるのも苦労しているようで[7]、顕微鏡を通して観察していると、小さい幼虫はアブラムシの成虫と頭を持ち上げて対峙している姿を見ることもある。小さい世界でも生存競争には厳しいものがある。ゴイシシジミはタケツノアブラムシがいなくなると、生存できなくなるので、タケツノアブラムシを追いかけて局地的に発生を繰り返している。ゴイシシジミを飼育したのは一回だけであるが、肉食のため大変臭く、何度も飼育したいと思う蝶ではない。

　クロシジミは草原性の蝶で延岡にいるときは阿蘇山麓から久住高原にかけて、富士では富士山麓で見かける。雄は速く飛ぶので写真に撮りにくいが、雌の飛び方はそれほど速くなく、同じ場所をチラチラ飛んでいる。この蝶もアブラムシおよび蟻との結び付きが深い。

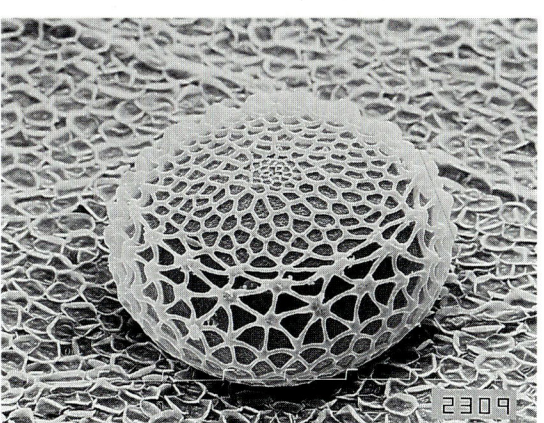

53. ヤマトシジミ卵　延岡市大武町、1982年10月18日
　電子顕微鏡（SEM）で見るとヤマトシジミの卵はレース編みの様に実に奇麗だ。

52. ウラナミシジミ　延岡市櫛津町、1982年10月23日
　秋になるとウラナミシジミの数が増える。遅いときは12月になっても成虫の姿を見る。ヤマハギとクズの花に良く吸蜜しにくる。

54. シルビアシジミ　宮崎県高鍋町、1991年7月30日
　シルビアシジミは大分と高鍋以南にはいるが、延岡にはいない。ちょうど空白地帯になっている。高鍋のシルビアはミヤコグサではなくヤハズソウを食草としている。

55. ゴマシジミ

山梨県三珠町、1990年8月18日

九州では久住高原地帯にいる。富士山麓でも草原地帯で見ることが多い。しかし、ここでは山間部の林の間に生息している。

56. オオルリシジミ幼虫

熊本県阿蘇町、1986年6月28日

梅雨時クララに蟻が集まっているとオオルリシジミの幼虫が見つかる。蟻は幼虫の体を丹念に舐める。

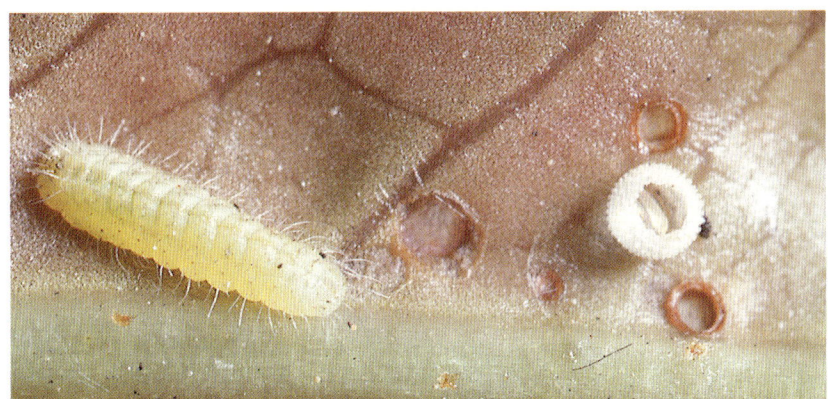

57. オオルリシジミ
熊本県白水村、1985年5月12日
食草であるクララの若芽で交尾をしている。

58. ヤクシマルリシジミ幼虫
宮崎県宮崎市、1986年12月13日
宮崎では生垣にイスノキが多いので、ヤクルリは町中の蝶になっている。出張の時スーツ姿で簡単に採卵できる。

59. ルリシジミ
延岡市天下町
1984年6月3日
ヤマハギに産卵中の雌。
同じ場所にヒオドシチョウがたくさん飛んでいた。

60. スギタニルリシジミ
静岡県芝川町、1991年4月20日
蟹の死骸を吸うスギタニルリシジミ。宮崎のスギタニルリは静岡のものより一回り大きく、春になると林道で集団吸水していることがある。

61. サツマシジミ終令幼虫
延岡市西階町、1986年3月17日
サツマシジミは食樹によって幼虫の色が変わる。越冬卵はクロキに生みつけられることが多く、春クロキの花が咲く少し前に孵化する。

62. サツマシジミ
延岡市大貫町、1990年6月10日
クロキで成虫になったサツマシジミは、次はサンゴジュに産卵することが多い。サンゴジュで育つ幼虫は緑色をしている。

63. タイワンツバメシジミ
延岡市櫛津町、1986年8月31日
この蝶が姿を見せると延岡は秋になり、タテハモドキも秋型になる。

64. クロツバメシジミ
山梨県下部町、1988年10月9日
富士ではタイワンツバメは見れないが、替わりにクロツバメが観察できる。

65. ミヤマシジミ　山梨県南部町、1990年9月8日
富士川河川敷には生息地が多い。しかし、堤防工事で年々数が減ってきている。後ろに見えるのは身延線の鉄橋。

66.ヒメシジミ　山梨県上九一色村、1989年6月25日
この時期、この辺りはヒメシジミだらけになる。5月半ばヨモギに蟻が集まっていると幼虫が見つかる。

68.アサマシジミ終令幼虫
　山梨県芦川村、1989年6月4日
　ナンテンハギに蟻が集まっていると必ずアサマシジミの幼虫がいる。

67.アサマシジミ
　山梨県塩山市、1988年6月18日
　畑とクヌギ林の境目のナンテンハギの近くで交尾していた。

BLUE

　シジミチョウと言えば一般的には青色をした小さな蝶のことと思われている。これは、ヒメシジミ族の仲間で、英語でBlueと呼ばれている一群の蝶のことであり、日本には32種類が生息している。ただし、このうちの10種が奄美以南の群島や小笠原諸島にしか生息していないので、いわゆる本土には22種類が生息していることになる。延岡と富士在住時にはこのうちの15種類と出会うことができた。

ウラナミシジミ

　延岡市、富士市内どちらでも見られるが、圧倒的に秋見かけることが多い。夏の終わり頃から個体数が急激に増え、萩の花が咲くころになるとあちこちにウラナミシジミの姿がみられ、ハギやクズに沢山の卵が産み付けられるようになる。秋に多いのは、この蝶の飛翔力が大きいので、越冬できなかった地域にも夏の間に勢力を伸ばしてくるからだと言われている。寒いところでは、冬に成ると一旦絶滅するのだが、また次の年は暖地で越冬した個体の子孫が北上してくると言った具合に盛衰を毎年繰り返している。

ヤマトシジミとシルビアシジミ

　ヤマトシジミは最も人為的環境に馴染んだ蝶の1つで、庭でも道路でもカタバミのあるところには必ずいる。普通の人が目にするシジミチョウはまずヤマトシジミだと言っても間違いない。小さくどこにでもいる蝶だが、その小さい卵を電子顕微鏡で覗いてみると、レース編みのように奇麗な卵が映っている。ヤマトシジミの卵の写真は延岡市にある宮崎県機械技術センターの走査型電子顕微鏡（SEM）を借りて写したものである。いまではSEMも珍しくなくなったが、当時はまだ少なく、このような姿を初めて見たときは、少なからず興奮したものであった。シルビアシジミは見た目にはヤマトシジミそっくりである。手で持って、裏羽の特別な黒点の位置を確認してやっとヤマトシジミではないことが分かる。シルビアシジミも延岡と富士周辺に生息しているが、ヤマトシジミのように何処にでもいるわけではなく、その生息地は極めて限定されている。大分と宮崎市周辺にはいるが、延岡市の近くはちょうど空白地帯でシルビアシジミはいない。高鍋町より南の河川敷に生息しており、宮崎市ではミヤコグサに、高鍋町ではヤハズソウに発生している。延岡市にもヤハズソウは多く、高鍋町と似た河川敷があるのに、なぜシルビアシジミがいないのか不思議である。富士周辺では昔は富士川鉄橋の辺りにも生息していたという記録があるが、いまでは山梨県の鰍沢辺りまで行かないと見ることができない。いつのまにか姿を消していく地味な蝶の代表格である。このような蝶の環境にも気を配りながら開発が進められるような成熟した社会を創りたいものである。

ゴマシジミとオオルリシジミ

　ゴマシジミは草原性の蝶である。ゴマシジミは場所によって形態がかなり異なっている。阿蘇のゴマは黒色なのに、すぐ近くの久住のゴマは青色である。富士山麓のゴマはそれほど大きくないが、近くの山地性のゴマは大きい。写真は山地性のゴマシジミで、コナラやクヌギ林の少し開けた場所に生えているワレモコウに発生していた。このゴマは小さいモンシロチョウぐらいあり、九州のゴマに比べると非常に大きい。富士山麓のゴマは最近めっきり減ったという。私も一頭しか富士山麓では目撃したことがないので、そのとおりなのだろう。ゴルフ場が増えたせいなのかもしれない。ゴマシジミは肉食で蟻の幼虫を食べる。ゴマシジミが代を重ねるには、ワレモコウが生えていて、かつ餌の蟻が生息しているという微妙な条件が必要なので、環境の変化には適応しにくいのだろう。

　オオルリシジミも数が激減した種類の一つである。もう本州では見ることが難しく、富士に来てからは目撃していない。幼虫はやはり蟻と関係があり、クララの花に蟻が集まっていると幼虫が見つかる。蟻は必死になって幼虫の体を舐め回している[8]。甘い蜜か何かが出ているのだろう。オオルリシジミの幼虫はゴマシジミとは違い蟻の幼虫を食べることはない。オオルリシジミが激減したのは、生息地が開発で減り、珍種になるとブローカーが根こそぎ採集するという悪循環があるようだ。九州では阿蘇山麓が生息地である。5月の朝、阿蘇山麓に行くと、次から次に羽化してくる蝶を見ることができる。昼前になるとあちこちで交尾をするつがいが現われる[9]。少し大型で青色が非常にきれいなシジミチョウである。捕る気になれば簡単に100頭位採集でき、遠くから来た採集者の中にはその位捕っている人達もいた。そのため、ここでは採集禁止条例が制定された[10]。賛否両論あるが、本州では絶滅状態で、九州でもここ

だけとなれば、採集者のモラルがそれほど高くない現状ではやむを得ないであろう。ただ、オオルリシジミの食草が牛などには毒であるクララなので、放牧地で邪魔になるからといってクララを刈ってしまったり、ゴルフ場を誘致したりすれば、何のための保護条例か分からなくなる。将来は、採集禁止条例だけではなく、オオルリシジミの生息環境の維持も考えた条例になることを期待したい。

瑠璃蜆

　ルリシジミ類を観察するのは、延岡の方が富士より面白い。富士ではルリシジミとスギタニルリシジミしか見ることができないが、延岡ではこの他にヤクシマルリシジミとサツマシジミが見れる。春一番に姿を現すのはスギタニルリシジミである。延岡では少し山にはいると多くのスギタニルリシジミが集団吸水していることも稀ではない。延岡周辺には食樹のトチノキが自生していないので、延岡周辺のスギタニルリシジミは富士周辺のものとは食草が違い、形もかなり大きくルリシジミに似ている。富士周辺で最も身近に観察できるのは芝川町である。山梨県あたりでは食樹のトチノキが多いが、芝川町では生息地周辺にトチノキが見当たらない。ここのスギタニの食樹は何か未だ分からないが、キハダではないかという説が有力である。

　ルリシジミはよく飛んでいるシジミチョウで一年中見かける。市街地で見るのはヤマトシジミ、少し山にはいればルリシジミと思っておけばまず間違いない。ヤクシマルリシジミは青色が濃く、いかにも南国のルリシジミといった感じを与える。食樹はイスノキで延岡周辺の常緑広葉樹林帯に多い。延岡市や宮崎市などでは生垣としてイスノキを植えてあり、そこでヤクシマルリシジミが発生していることも多く、意外と街の蝶に成っている。出張で延岡に行くとき、時間待ちで南宮崎駅の回りを散策すると、生垣のイスノキで卵や幼虫を簡単に見つけることができる。富士周辺ではイスノキは自生していないので、飼育は難しいかなと思っていたら、旭化成の富士工場柵内にイスノキがたくさんあった。誰が植えたか分からないが、ヤクシマルリシジミの食樹と知っている人なら一度会いたいものである。

　サツマシジミは延岡市内に結構多い。西階公園周辺のクロキは越冬木になっており、卵や幼虫がよく見つかる。クロキの花が咲く頃幼虫も終令になる。クロキの花は白いので幼虫も白くなるが[11]、クロキの次に食樹としているサンゴジュでは幼虫は緑色になる。延岡の櫛津町に住んでいるときは、春になって裏山に行くとルリシジミに混じってサツマシジミが良く吸水していた。春のサツマシジミの斑紋は極端に少なく白色が目立つので、すぐにサツマシジミと分かる。初めてこの春型を見たときはまだサツマシジミを見たことがなかったので、少なからず興奮したものであった。

燕

　ツバメと名の付くシジミチョウは4種いる。ツバメシジミ、ゴイシツバメシジミ、タイワンツバメシジミとクロツバメシジミである。ツバメシジミは最も一般的で、ヤマトシジミ、ルリシジミと同様身近な場所で良く見かける。ヤマトシジミが町のブルー、ルリシジミが山のブルーとすれば、さしずめツバメシジミは田畑のブルーである。ツバメシジミの食草は数多く、たいていのマメ科植物を餌としている。

　ゴイシツバメシジミは最近発見された蝶で[12]、宮崎県と熊本県の境の山中に生息しており、種指定の天然記念物になっている。延岡在住時はこの蝶を写すために何回か生息地と言われる所へ行ったが、残念ながら出会うことができなかった。うっすらとした亜熱帯性の渓谷の中、食草であるシシンランを確認できただけであった。生息地には蝮や山蛭が多く、あまり何回も行きたいと思うような場所ではなかった。しかし、一度は会いたい幻の蝶なので、再度延岡に転勤になったときはもう一度挑戦してみたいと思っている。

　タイワンツバメシジミは延岡の蝶である。富士周辺には生息していない。延岡市内でも少し山手のシバハギが生えているところには飛んでいるが、姿を現す季節が決まっており、この蝶を見かけると延岡も秋になる。延岡市櫛津町に住んでいたころは、家から歩いて20分位の山中にも飛んでいた。しかし、シバハギの分布が低地の山間部なので、最も開発の影響を受け易い。最近、延岡にもバブルの影響でゴルフ場がかなりできたと聞いているので、どの程度生息地の環境が保たれているか心配である。延岡にはまだまだ豊かな自然が残っているので、いたずらに東京の真似をすることなく、守っていきたいものである。

　タイワンツバメシジミとは逆に延岡では見られず、富士周辺で見られるのがクロツバメシジミである。この蝶もタイワンツバメシジミ同様局地的であるが、一年を通して姿を見せる。山梨県下に産地が多く、食草のツメレンゲが生えているところを丹念に探し

ていくと出会うことができる。秋遅くまで成虫も飛んでおり、1989年には11月19日に雌を撮影した。しかし、富士川沿いでは食草のツメレンゲが南部町までしかないので、静岡県側ではまだ見ていない。

ヒメシジミ類（Polyommatus-section）

　ヒメシジミ類はルリシジミ類とは逆に、富士の方が延岡よりも楽しめる。富士周辺では、ミヤマシジミ、ヒメシジミ、アサマシジミと3種類も観察できるが、延岡周辺にはどれも生息していない。暖かくなってまず姿を見せるのはアサマシジミである。アサマシジミとヒメシジミは図鑑で見るとそっくりで、その生息環境も似ているが、アサマシジミの方が少し大きく、出現時期も少し早いので、飛んでいるのを見てもこの2種類を間違うことはない。

　アサマシジミはナンテンハギを食草としており、5月の終わり頃から6月の初め、ナンテンハギで蟻を見つけると幼虫も見つかる。ナンテンハギの天ぷらは絶品なので、これを食べて育つアサマシジミは贅沢な蝶である。アサマシジミは富士山麓では数が少なくなったが、山梨県ではまだかなりの数が生息している。6月中旬がアサマシジミの最盛期で、生息地は標高の低いところから高いところまで幅広い。標高の高い所ではかなり遅くまで姿をみせるようで、標高1200ｍの所で7月22日に雌数頭と雄1頭を目撃したことがある。

　アサマシジミが姿を消し始める6月下旬からヒメシジミが姿を現す。ヒメシジミは富士山麓にも多く、場所によってはヒメシジミだらけということもある。ヒメシジミの食草としてはアザミが良く知られているが、富士山麓ではヒメシジミの幼虫はヨモギを食べており、5月中頃ヨモギで蟻を探すと幼虫が見つかる。幼虫には茶色いのと緑色のとがいるが、すぐ近くの同じようなヨモギからどちらも見つかるので、色の違いは環境によるものではなく、遺伝によるもののようだ。ヒメシジミも場所によっては結構遅くまで姿が見られ、富士山麓では7月末まで飛んでいる。

　ミヤマシジミはアサマシジミやヒメシジミとは少し変わった環境を好み、富士の近くでは富士川河川敷にいる。静岡県側でも記録は多いが、私は山梨県側でしか見たことがない。最近は河岸工事が多く、そのため食草であるコマツナギの生える場所が減り、生息地が狭められているようだ。ミヤマシジミは一年中姿を見せる蝶だが秋の方が数が多く見つけやすい。ナンテンハギは延岡に自生していないが、ヨモギもコマツナギも生えているので、ヒメシジミやミヤマシジミが延岡周辺にいないのは食草以外のものが関係しているのであろう。久住高原ではヒメシジミが生息しているとの情報を聞いたことがあるが、私は見ていない。

ウラギンシジミ

　ウラギンシジミはこの属だけでシジミチョウ科の1亜科を形成するほど、形態的には他のシジミチョウとは異なっており、世界的に見ればシジミタテハ科の蝶に近い。延岡、富士のどちらでも見ることができるが、延岡では町中でも見れる。延岡でも富士でも自宅の庭にフジが植えてある。延岡ではそのフジにウラギンシジミの雌がよく卵を産みに来たが、富士の家の庭ではまだウラギンシジミを見たことがない。また、延岡市内の旭化成薬品工場内でもムラサキツバメと一緒に飛んでいるのをよく見かけたが、富士では、富士川では見かけても市内の旭化成の工場内では見たことがない。ウラギンシジミはムラサキシジミ族の蝶と同様成虫で越冬するので、冬の暖かい日に延岡市櫛津の自宅の裏山へ散歩に行くと、ムラサキシジミ、ムラサキツバメに混じってよく飛んでいた。

　ウラギンシジミの雄はオレンジ色をしており非常に美しい。しかし川原などでウラギンシジミを追いかけていて急に姿が見えなくなることがある。これは羽を閉じると名前のとおり銀色をしているので、周りの石そっくりになり、その雰囲気の中に隠れてしまうからである。いわゆる擬態といっているものであるが、コノハチョウのように有名なものから、このように注意して見ないと擬態と分からないものまでいろいろある。ウラギンシジミの幼虫は変わった形をしており、始めて見る人は十中八九、頭とお尻を間違える。その理由は、お尻にある2つの突起が丁度触角の様に見えるからである。動いてみて始めて頭がどちらか分かる。このようにすることで、ウラギンシジミの幼虫は外敵を欺いて大切な頭部を守っているのだろう。

69. ウラギンシジミ
延岡市祝子川
1983年10月23日

70. ウラギンシジミ 延岡市祝子川、1984年9月1日
　ウラギンシジミの表羽の色は、雄がオレンジで雌が白である。裏羽は雄雌とも銀色なので、川原など石の多いところで急に止ると周りの石と同じ色になり、どこにいるのか一瞬分からなくなる。

71. テングチョウ 宮崎県北方町、1984年4月7日
　テングチョウは成虫で越冬する。春になるとまだ葉のでていない林の中を飛び回り、アセビや桜の花で時々吸蜜する。春を告げる蝶の一つである。

72. アサギマダラ　山梨県早川町、1990年9月2日
　アサギマダラは秋になると多くなる。特に富士山麓はアサギマダラの群れというほどの数になることもある。北米のオオカバマダラと同様長距離の移動を行なうので、延岡と富士を結ぶ蝶はアサギマダラかもしれない。

73. カバマダラ
　宮崎県延岡市、1986年9月23日
　カバマダラは南方の蝶で延岡付近にも生息していない。秋になり、台風が来るとそれと一緒に迷蝶もやって来る。リュウキュウムラサキ、メスアカムラサキ、アオタテハモドキなどの中にカバマダラも入っている。延岡市内の愛宕山は迷蝶のメッカである。

テングチョウ科（Libytheidae）

テングチョウ

　テングチョウは1属1科でシジミタテハ科に似ている。そういう意味ではテングチョウに一番似ている日本の蝶はウラギンシジミかもしれない。テングチョウは鼻が天狗のように突き出しているので、うまく名前を付けたものだと感心している。テングチョウも成虫で越冬するので春早くその姿を見ることができる。早いものでは、延岡で2月2日に、富士で3月10日に飛んでいるのを見たことがある。早春の少し暖かい日、ほとんどの落葉樹がまだ葉を出さない時期に、テングチョウが元気良く飛ぶ姿を見かけると、寒い冬をよく我慢したなという気分になる。その頃のテングチョウは、写真で示したように、縄張りを示すためかまだ葉のでない梢の上に止ったり、そろそろ花を付け始めたアセビや桜で吸蜜をしたりする。

　4月半ば食樹のエノキの新芽が出始めると、その枝に産卵する。テングチョウの卵は黄色で上が膨れた面白い形をしている。幼虫はタテハチョウ科のものとはかなり違い、シロチョウ科の幼虫の様な青虫である。そして、木を揺すったりするとすぐに糸を吐いて木からぶら下がる。卵も幼虫もテングチョウと知らなければ、蛾の卵や幼虫と間違えてしまいそうである。越冬したテングチョウの次の世代が成虫になるのは6月上旬で、この頃になると場所によってはどこもかしこもテングだらけということになる。延岡周辺では北川町の藤河内渓谷付近、富士周辺では三珠町が道路一面テングチョウといった感じで、自動車を走らせていてもテングチョウが次から次へと前に出てくる。この時期のテングチョウには越冬成虫の逞しさや崇高さは感じられず、単に数が多くてあつかましい蝶というふうにそのイメージがころっと変わってしまう。やはりテングチョウは春一番に見るにかぎる。

マダラチョウ科（Danaidae）

アサギマダラ

　アサギマダラは不思議な蝶である。マダラチョウの中では一番北にまで生息し、その浅葱色した羽は止っているときはそれ程でもないが、飛んでいるときの美しさは何とも言えない。標本にすると本当の姿が分からない蝶の代表格である。長距離移動する蝶としては、北米のMonarch（オオカバマダラ）が有名であるが、アサギマダラも長距離移動を行なう。静岡県から鹿児島県まで1000km以上同一個体が飛んだという報告もあるので[13)14)]、富士山から延岡周辺へ飛んでいる個体がいる可能性が強い。そういう意味では、延岡と富士を結ぶ蝶としてはアサギマダラが最も適当かもしれない。

　アサギマダラは季節によって目撃する場所が違っている。延岡周辺では、4-5月は高千穂町や大崩山麓などの山地に姿を見せ、7-8月は久住高原などの高原地帯、そして10月頃になると延岡市街や遠見山などの海岸沿いに多くなる。富士周辺では、6-7月は富士川町や上高地などに一頭づつたまに見る程度であるが、9月に入ると山伏岳や富士山などに数多く集まっている。このような状況を考えると、春から夏に掛けては食草のある場所で別々に繁殖し、9月頃富士山などの海に近い山に集まり、それから南方へ移動して10月頃延岡近くの海岸部に達しているのではないかと推定できる。

カバマダラ

　マダラチョウ科の蝶は体内に毒を持ったものが多く、鳥に襲われることが少ない。そのため、他の蝶に擬態されることがあり、全く別の科の蝶でもマダラチョウ科の蝶にそっくりということがある。日本にいる蝶の中でそのような擬態を行なっている例としては、カバマダラに擬態したものが有名である。カバマダラはトウワタを食草とし、体内に有毒物質を蓄積している。メスアカムラサキの雌とツマグロヒョウモンの雌は、どちらもタテハチョウ科の蝶にも拘わらず、カバマダラに似ており、特にメスアカムラサキはそっくりである。そして擬態しているのは雌だけで、雄は全く違う姿をしているというのも面白い。雄と雌が同時に鳥に襲われたとき、子孫を残す雌を優先的に残そうとする自然の摂理が働いているのだろう。

74. コヒョウモンモドキ
　山梨県南牧村
　1988年7月30日
　九州では見れない小型のヒョウモンである。草原性の蝶であり、昔はたくさんいたので、やはり別荘開発などの犠牲になっているようだ。

75. ヒョウモンチョウ　山梨県上九一色村、1990年6月24日
　ヒョウモンチョウは富士山麓の草原を代表する蝶である。ワレモコウが生えている草原を、ヒメシジミと一緒に飛んでいることが多い。この草原では、他にヤマキチョウ、ヒメシロチョウ、ミヤマカラスシジミ、ホシチャバネセセリ、アカセセリなどを見かける。

76. メスグロヒョウモン
宮崎県北川町祝子渓谷、1984年6月17日
延岡近郊にはメスグロヒョウモンが多い。しかし、目にするのは雄がほとんどで、雌にはめったに出会わない。

77. コヒョウモンとギンボシヒョウモン
山梨県大泉村、1984年7月30日
八ヶ岳の麓には蝶が多い、この写真を取った時もクジャクチョウやスジボソヤマキチョウがたくさん飛んでいた。1991年に同じ場所へ行くと、スキー場用の大駐車場に成っており、もとの山の姿は見る影もなく、蝶も全く見かけなかった。

78. ミドリヒョウモン　山梨県南牧村、1988年7月30日
交尾中のミドリヒョウモン。上が雌で下が雄である。ミドリヒョウモンは杉の幹などにも卵を産む。

79. クモガタヒョウモン
山梨県下部町、1988年10月9日
クモガタヒョウモン、ミドリヒョウモンとメスグロヒョウモンは同じ場所で見ることが多い。同じ期間成虫で過ごしているが、同じ場所に観察に行っても、この3種の中のどれか一種類が目立つ。活動する時期が少しづつずれているようだ。

80. ウラギンヒョウモン
宮崎県高千穂町、1983年6月18日
ウラギンヒョウモンは草原に多い。特に阿蘇山麓には多く、アザミが咲く頃に草原一面にウラギンヒョウモンが飛び回っている。

81. ツマグロヒョウモン
延岡市祝子川
1984年10月14日
ヒョウモン類の中で唯一多化性で越冬形態も決まっていない。そのため、富士には少なく、南の延岡には多い。延岡では、町中にも飛んでいる。雌はカバマダラに擬態している。

— 38 —

82. コミスジ終令幼虫
　延岡市大貫町、1986年7月27日
　フジにいるコミスジの終令幼虫。まわりの葉の根元を切り、葉をわざと枯れさせて、自分のカモフラージュに利用する。本能的にこのような複雑な技を持っている。

83. フタスジチョウ
　山梨県高根町
　1991年7月2日
　白樺の木で一休みするフタスジチョウ。食草はホシミスジと同じシモツケであるが、標高差で棲み分けている。

84. オオミスジ
　長野県小海町、1991年8月4日
　桃や梅を植樹としているので、人家の近くでも見ることができる。

85. ホシミスジ終令幼虫
　熊本県高森町、1986年8月10日
　幼虫はフタスジチョウそっくりである。同じシモツケからフタスジチョウの幼虫も見つかることがある。

タテハチョウ科（Nymphalidae）

彪紋蝶亜科（Argynninae）

ヒョウモンチョウは黄色に黒点が彪の紋のようになった一群の蝶で、英語では Fritillary と呼ばれている。大型ヒョウモンチョウ類7属9種のうち8種は延岡周辺と富士周辺のどちらにも生息しているが、小型のものは1種類も延岡周辺では見られない。

モドキ

モドキと名のつくヒョウモンチョウは日本に3種いる。3種とも本州にしか分布していないので、いずれも延岡では見ることはできない。富士周辺では、ヒョウモンモドキがいたという記録があるが、年々数を減らしているらしく、私は目撃したことがない。ヒョウモンモドキの生息環境はそれほど変わっていない所が多いと聞いているので、なぜ数が少なくなってきているのか定かでない。

コヒョウモンモドキは八ヶ岳まで行くと観察できる。ヒョウモンとは思えないほど小さくて飛び方も遅い。八ヶ岳は蝶にとっては別天地であるが、最近はスキー場や別荘地が増えて、その分蝶の生息地が狭められ、絶滅に近い状態になっている種類もある。この写真を取った場所もゴルフ場予定地になっているので、八ヶ岳でコヒョウモンモドキが見られるのも、そう長くはないかもしれない。

最後のウスイロヒョウモンモドキは延岡にも富士にも生息していない。中国山地には、ヒョウモンモドキとウスイロヒョウモンモドキの生息地が多いので、旭化成の水島工場に転勤になれば写真が撮れると楽しみにしている。

ヒョウモンチョウとコヒョウモン

ヒョウモンチョウ、コヒョウモンとも延岡周辺にはいない。富士でもコヒョウモンは八ヶ岳辺りまで行かないとお目にかかれない。八ヶ岳では美の森辺りに多くいたので良く写真を撮りに行ったが、スキー場用の大駐車場ができ、今では殆どいなくなってしまった。ヒョウモンチョウは富士山麓にも生息しており、7月になると見かけるヒョウモン類はヒョウモンチョウだけという時もある。ヤマキチョウとヒメシロチョウが姿を消すと種々のセセリチョウが出てくるまでは、ヒメシジミとヒョウモンチョウが富士山の草原を代表する蝶になる。ヒョウモンチョウは阿蘇山麓と富士山麓の草原の違いを代表する蝶のひとつである。

大型ヒョウモンチョウ類

ギンボシヒョウモンを除く大型ヒョモンチョウ類は延岡でも富士でも見れる。延岡市内で多く見れるのは、ツマグロヒョウモンとミドリヒョウモンである。ツマグロヒョウモンはヒョウモンチョウにしては珍しく多化性で、一年を通して幼虫が見られ、成虫は春から秋まで万遍なく姿を見せる。延岡市内でスミレのあるところでは、たいていツマグロヒョウモンの幼虫がいる。延岡市櫛津の自宅の庭でも、勤務先の旭化成薬品工場でも、スミレの葉をめくると簡単に幼虫が見つかった。ツマグロヒョウモンの雌は前羽の先が名前のとおり黒くなっている。これは体内に毒を持っているカバマダラに擬態したためで、鳥がカバマダラと間違えて襲わないのである。雄の前羽の先は黒くなっていないので、雄にはこの特権がない。また、雌の裏羽には独特の斑紋があり、前羽にはうっすらとピンク色になっている部分がある。ヒョウモンチョウの中ではツマグロヒョウモンの雌が最も美しいと思う。

ミドリヒョウモンも延岡市内で見かけるが、櫛津の自宅の庭で幼虫を見つけたのは一回だけで市街地には非常に少ない。しかし、延岡市内でも少し山手に行けばかなりの数が見られる。ミドリヒョウモンは山梨や長野では最も数の多いヒョウモンチョウで、山に入ると季節によってはミドリヒョウモンばかりということがある。ヒョウモン類は食草に卵を産まないが、その中でもミドリヒョウモンは変わったところに卵を産む。門川町の五十鈴川では、ミドリヒョウモンの雌が大きな杉の幹の地上から10m位の所に卵を産んでいるのを見たことがある。

メスグロヒョウモン、クモガタヒョウモンも山間部では結構出会うことが多い。延岡では、ミドリヒョウモン、メスグロヒョウモンとクモガタヒョウモンは微妙に時期をずらして姿を現すようで、延岡近くの祝子渓谷では5月中頃からまずクモガタヒョウモンが最盛期を迎え、次いでメスグロヒョウモンが優勢になり、6月末には両種とも姿を見せなくなる。ミドリヒョウモンは6月頃から飛び始め、7月に入ってもまだ姿を見かける。クモガタヒョウモン、メスグロヒョウモン、ミドリヒョウモンとも真夏は夏眠をするので、8月には見かけないが、秋になると

また飛んでいる姿を見かける。祝子渓谷では、秋遅い時期として10月14日にクモガタヒョウモンとミドリヒョウモンが飛んでいるのを目撃したことがある。ただ、高千穂や山梨県の山地など少し標高の高い所では、ミドリヒョウモンは8月に入っても見かけることがある。そして、ミドリヒョウモンが五十鈴川で産卵していたのは9月16日であった。

ウラギンヒョウモンは草原の蝶で、7月頃阿蘇山麓に行くと一面ウラギンヒョウモンである。阿蘇ではオオウラギンヒョウモンも確認されているが、私は見ていない。延岡市内の愛宕山でもオオウラギンヒョウモンが採集されたことがあるが今はいないようだ。ギンボシヒョウモンはウラギンヒョウモンに似ており、山梨県や長野県の高山地帯に多く、延岡周辺では見ることができない。ギンボシヒョウモンが多いところではウラギンヒョウモンが極端に少なくなるので、この2種は標高で棲み分けているようだ。

一文字蝶亜科（Limenitinae）

イチモンジチョウ属（Limenitis）

イチモンジチョウ、アサマイチモンジ、オオイチモンジのうち、延岡周辺にいるのはイチモンジチョウだけである。イチモンジチョウは延岡市内の山手には多く、5月始めから10月半ばまでいつでも観察できる。延岡周辺には生息していないアサマイチモンジも富士周辺では見ることができる。アサマイチモンジ、イチモンジチョウのどちらも富士山麓には多く生息し、探すのにそれほど苦労はいらない。しかし、オオイチモンジは高山まで行かないと会えず、しかも最近はかなり数が減っている。中学の時に八ヶ岳へ行ったときは、オオイチモンジが渓流沿いに良く飛んでいた。それから30年近くしか経っていないのに、富士に来てからオオイチモンジを見たのは、八ヶ岳の立場沢と上高地だけである。

コミスジ属（Neptis）

コミスジとミスジチョウは延岡周辺にも富士周辺にも生息している。コミスジは街の蝶と言うほどではないが、街中でもたまに見かける。延岡市櫛津町の自宅ではヤブマメに、大貫町に移ってからは庭のフジの鉢植に卵を産んでいた。幼虫で越冬するので、大貫町では鉢植で幼虫が一冬を越した。コミスジの幼虫は枯れ葉にそっくりである。夏など周りに枯れ葉のないときは、わざわざ自分で周辺の葉の根元を噛み切り枯れさせて、自分の居場所を造る。冬は枯れ葉が多いので、越冬幼虫が植木鉢の中にいるということが分かっていても、見つけるのに時間が掛かる。さすがに富士では自宅には生息していないが、岩本山などの公園に行けばかなりの数を見ることができる。これに対し、ミスジチョウは、延岡では高千穂町まで、富士では上九一色村まで行かないと見ることはできない。しかも、人の気配に非常に敏感なので写真を撮るのが難しい。高千穂町では数もそれほど多くなく、写真を取るために1m位まで近づいたところで良く逃げられ、残念な思いをしたことが何度かあった。個体数が多い割には写真の数の少ない蝶である。

オオミスジは延岡周辺には生息していない。富士では三珠町や下部町まで行けば写真が撮れる。桃や梅が食樹なので、かなり人家に近いところでも飛んでいる。山の中の梅の木では、一本の木の周りに数頭が飛んでいることも珍しくないのに、手入れされた広々とした桃畑には1頭も飛んでいないことが多い。農業には農薬が必要だとは分かっているが、これだけ徹底されると何か恐ろしいものを感じる。

ホシミスジは延岡周辺では阿蘇山麓に、富士周辺では富士山麓にいる。九州での産地は限定されているが、生息地まで行けば、数はそんなに少なくない。ホシミスジの勢力範囲は食草であるシモツケの分布に影響されているようである。富士山麓にはシモツケは多いので、ホシミスジの数も多い。フタスジチョウは九州には生息しておらず、富士周辺でもかなり標高を稼がないと見れない。ホシミスジもフタスジチョウもどちらもシモツケを食草とし、幼虫と蛹はそっくりで殆ど見分けがつかない。八ヶ岳山麓などでは同じシモツケにフタスジチョウとホシミスジの双方が産卵していることもあるので、フタスジチョウだと思っていた幼虫が、成虫になって始めてホシミスジだったのかと分かることがある。一般的に、蝶は成虫の形態が似ていても幼虫の形態が違うことが多いが、フタスジチョウとホシミスジの関係は丁度逆になっている。この2種の棲み分けの基準は標高差であると思われるが八ヶ岳などでは混棲地帯も多い。

86. サカハチチョウ春型
宮崎県北川町祝子渓谷
1983年4月30日
　春、ガクウツギなどの白い花が咲き始めると、サカハチチョウが良く吸蜜に来る。サカハチチョウは春型と夏型では別種と間違えるほど外見が異なる。

87. キタテハ
延岡市大貫町
1986年6月29日
　キタテハは日本全土に広く分布し町中にも多い。しかし、世界的に見ると次のシータテハよりも分布は限定されている。日本の普通種が世界的には限定種であることが多い。

88. シータテハ
長野県小海町
1987年9月6日
　延岡在住時に、延岡にもシータテハが生息しているのが確認され、仲間の間では一大トピックスになった。延岡ではハルニレを食樹としており、富士周辺では珍しい夏型も多い。

89. クジャクチョウ 山梨県高根町、1987年8月22日
　クジャクチョウがミヤマサナエに襲われた瞬間である。きれいに頭部だけを食べて飛んで行ってしまった。ほんの2～3分の出来事であった。

90. エルタテハ
　長野県小海町、1988年7月30日
　エルタテハは白樺を食樹としており、早朝、山木屋などの入口に飛んでくることもある。気温が低いと飛び方もゆっくりなので、手でもつかめる。

91. ルリタテハ
　富士市中丸、1989年10月15日
　富士でも延岡でも見られ、町中にも山中にも生息している。しかし、数はそれほど多くはない。富士市中丸の自宅のホトトギスには毎年秋になると産卵に来る。

92.ヒオドシチョウ　上高地、1991年7月7日
　延岡ではヒオドシチョウの越冬個体を良く見かけた。櫛津町や天下の植物園では春になると沢山のヒオドシチョウが日向ぼっこに出てくる。写真は梓川のヤナギで発生している個体である。この辺りでは、ヒオドシチョウとコヒオドシの両方が観察できる。

93.コヒオドシ
　長野県長谷村
　1989年8月16日
　北海道では群生するコヒオドシも本州中部では数は少ない。食草のミヤマイラクサが生えている渓流で発生する。

— 44 —

94.ヒメアカタテハ　延岡市天下町、1985年10月6日
　世界中に分布している汎世界種の一つである。奇麗な蝶で、英名は Painted Lady となかなかしゃれている。和名もヒメアカタテハなどと野暮なものではなく、もう少し気の利いた名前にすればと思う。

95.スミナガシ
宮崎県北川町
1986年8月16日
　野暮ったい和名が多い中で、墨流しと珍しく粋な名前が付いている蝶である。単独で行動することが多いようだが、延岡市の愛宕山では10数頭が飛び回っているのを見たことがある。

96. タテハモドキ　宮崎県門川町、1983年9月3日
　1974年頃に延岡に土着してから延岡を代表する蝶の一つになった。町中にも多く、滑空するような独特の飛び方はすぐにタテハモドキと分かる。南のクジャクチョウとも言われている。

97. アオタテハモドキ
　延岡市、1986年8月19日
　延岡市に土着はしてはいないが、迷蝶としてよく記録されている。1990年には旭化成の化薬工場でかなりの数が見られたとのことである。

98. イシガケチョウ
　延岡市行縢山、1986年6月17日
　ちょっと見ただけでは白蝶と間違えるが、独特の飛び方をするので、慣れればすぐにイシガケチョウと分かる。

99. リュウキュウムラサキ羽化
　延岡市、1982年9月4日
　リュウキュウムラサキも土着していないが、よく迷蝶として姿を見せる。愛宕山には迷蝶が多い。

緋縅蝶亜科（Nymphalinae）

ヒオドシチョウ亜科の蝶はサカハチチョウ以外はほとんど成虫で冬を越す。冬の暖かい日や春早く蝶の姿を見たいと思えば、いわゆるタテハと称する蝶の棲んでいそうな場所に行けばよい。

サカハチチョウ

少し山の中にはいると延岡市内にも富士市内にも生息している。春型と夏型で種類が違うのではないかと思われるほど外見が異なる。特に春型は奇麗で、渓流沿いの白い花に来ていると、そのオレンジ色をベースにした姿が一段と映える。サカハチチョウはコアカソを食草とし、卵を積み重ねて産むというので有名な蝶である。確かに富士のサカハチチョウは卵を重ねて産むのだが、延岡では一卵づつ産み、まだ卵が重なっているのを見たことがない。蛹も変わっており、体一面銀色という個体もある。ヒオドシチョウ亜科に属しているが、成虫では越冬できず、見た目もイチモンジチョウに似ているので、イチモンジチョウ亜科に近い種類である。

キタテハとシータテハ

シータテハは Comma として世界的には一般的な種類である。これに対しキタテハは極東だけの蝶で世界的に見れば局地的な蝶である。しかし、日本ではキタテハの方が普通で、町中でも見られるが、シータテハは山地性で少し山に登らないと出会えない。延岡には1986年まではシータテハは生息していないと思われていたが、延岡の児玉さんが市内でハルニレから幼虫を発見し[15]、生息しているのが確認された。それまでは山地性の蝶ということが頭にあって、まさか延岡の近くにいるとは考えもしなかったらしい。成虫を見たとしても全てキタテハとして見過ごしていたようだ。延岡近くの生息地は標高が低く、夏型よりも秋型の方が少ない。夏型はキタテハそっくりなので気づかれなかった理由はそこにもあるのだろう。富士では逆に夏型は少なく、一度しか見たことがない。秋型は高山では8月半ばにもなると数が多くなり、クガイソウやオカトラノオに群れになって吸蜜しているのを良く見かける。

エルタテハとクジャクチョウ

エルタテハとクジャクチョウは富士周辺でしか見ることができない。特にエルタテハは白樺を食樹としているので、白樺の生える高山帯でしか見られない。八ヶ岳まで行けば確実に見れるが、富士山の周りの山では標高1200m以上の白樺が自生しているところでも、採集記録はあるが数は少ない。クジャクチョウは標高が低くても生息しており、山梨県の三珠町や南部町などでも見ることができる。クジャクチョウは世界に広く分布しており、Peacock の呼び名で親しまれている。孔雀というイメージは何処でも同じらしい。写真はミヤマサナエに襲われたクジャクチョウで、きれいに頭だけ食われた[16]。蝶がトンボに襲われたのを見たのはこれ1回だけである。富士川沿いで一番南の生息地は南部町である。春になると越冬個体が姿を見せ、スギタニルリシジミ、ギフチョウ、クロコノマチョウなどに混ざって飛んでいる。

キベリタテハとルリタテハ

キベリタテハは九州にはおらず、富士周辺でも高山地帯にしか生息していない。山梨県や長野県まで行けば産地は珍しくない。静岡県でも1500m以上の高山地帯で食樹のダケカンバがあるところには生息している。珍しいところでは1988年5月29日に富士山外側の山（上芦川町）で越冬個体を目撃したことがある。また、キベリタテハは全世界に分布しており、ロサンジェルス郊外の公園内で見かけたこともある。

ルリタテハは人里の蝶で、延岡でも富士でも見かける。人里の蝶と言ってもかなり山奥にも生息しているので、分布域が広いと言ったほうが良いのだろう。延岡市では櫛津町に住んでいる頃、春になって裏山に行くと、ルリタテハが小川沿いに何頭か止っていた。それぞれが縄張りを持っているらしく、一旦飛び立っても必ず同じ場所に戻ってきて止り、他の蝶が来ると追い返すように後を飛んでいた。近くのサルトリイバラを探すと卵やC字型に体をくねらせた幼虫が見つかった。富士市中丸の自宅では、毎年秋になると庭のホトトギスに卵を産みに来た。この時期になるとホトトギスの葉はルリタテハの幼虫に食われて殆ど無くなってしまうが、そこはうまくできたもので、ルリタテハが羽化して越冬の準備をし始めた頃になると、またホトトギスの葉が出てきて今度は奇麗な花を咲かすようになる。中丸で見

るのは秋のこの時期だけで春には越冬成虫を見ることはない。冬は何処か山の方へ行ってしまうらしい。

緋縅蝶

　ヒオドシチョウは嘗ては人家近くいたる所で見かけた蝶である。中学生の頃、京都市内の加茂川や堀川のヤナギやエノキのあるところで良く見かけた。富士でも知人に聞くと、嘗ては愛鷹山麓で良く見かけたが最近は見ないということである。どうも畑に農薬を使いだしてから姿が見られなくなったようだ。とはいっても、延岡ではまだ町中で見ることができ、天下町の植物園や櫛津町の自宅近くでは越冬個体を良く見た。幼虫は集団をつくり、エノキなどの発生木に10数頭の蛹が数珠繋ぎになっていることも多い。

　コヒオドシは見かけはヒオドシチョウを小さくしたように見えるが、属は異なり、その生息地も高山に限られる。九州には生息しておらず、本州でも高山地帯に限られ、数も少ない。写真を撮るだけなら上高地が良く、食草のホソバイラクサがあるところではまず間違いなく観察できる。北海道はコヒオドシにとっては別天地で、大雪山系に行ったときはお花畑一面にコヒオドシが飛んでいた。ちょうど本州のクジャクチョウのような感じであった。

アカタテハとヒメアカタテハ

　どちらも日本全国に分布し、人里に近い所にいるので、延岡市でも富士市でも良く見かける。アカタテハは雑草の王者のようなカラムシも食草としているので、少し水気があってカラムシが群生しているような所にはたいてい生息している。幼虫はカラムシの葉を二つに折ったような巣を造るので、どこにいるのかすぐに分かる。カラムシはフクラスズメという蛾の食草でもある。延岡市大貫町に住んでいるとき自宅近くのカラムシでアカタテハの幼虫を探そうとしたところ、大型でケバケバしいフクラスズメの幼虫の大群に出合い、あまり気持ちの良い思いをしなかったことがある。

　ヒメアカタテハは奇麗な蝶で、英語では Painted Lady と称し、日本語のように野暮ったい名前は付いていない。ヒメアカタテハは汎世界種として知られており、世界中どこでも見られる。実際、サンフランシスコ近くでもかなりの個体数を目撃したことがある。延岡では櫛津町でも大貫町でも見たことがあるが、特に旭化成の薬品工場では、ツマグロヒョウモンの幼虫がいるスミレのすぐそばのヨモギに良く卵を産んでいた。櫛津町では秋になって裏山のツワブキの黄色い花が咲くと、キタテハやタテハモドキと一緒に吸蜜していた。富士では町中で見かけることはなく、山でもそれほど見ない。個体数は延岡の方が多いようである。

南国延岡の立て羽蝶

　タテハモドキ属（Precis）は南方系の蝶で、延岡でしか見られない。この蝶は1960年頃より九州南部で勢力を伸ばし始め、今ではタテハモドキは延岡の至る所で姿を見かけるようになった[17]。それまでは、宮崎市までは土着しても延岡市にまでは北上してこないだろうと言われていた。その理由は食草であるオギノツメが延岡周辺には分布していなかったためである。しかし、もう1つの食草であるスズメノトウガラシは自生しているので、秋には確実に代を重ねることができる。最近は、越冬個体と春型の双方を延岡で見かけるので、延岡に土着しているのは間違いない。延岡市櫛津町の裏山でスズメノトウガラシに産み付けられた卵をオオバコで成虫まで育てたことがあるので、春から夏にかけての延岡でのタテハモドキの食草は意外とオオバコ辺りかもしれない。もし、オオバコを食草とするなら、クロコノマチョウのように、気候の似ている富士にもその内勢力を伸ばしてくることが充分考えられる。櫛津町に住んでいるころは、冬でも暖かい日にはタテハモドキを良く見た。私にとって、延岡で思い出の深い蝶の一つである[18]。

　アオタテハモドキは延岡でもまだ迷蝶としてしか見られない[19]。青色が非常に奇麗な蝶で何とも言えず美しい。田辺さんによると、1990年の秋、旭化成の化薬工場で大発生したらしいが、冬は越せなかったようである。食草は延岡にも沢山自生しているキツネノマゴなので、季節型が明確に現われず、冬の寒さに耐えられないのが越冬できない原因と思われる。

　メスアカムラサキ、リュウキュウムラサキもアオタテハモドキと同様迷蝶として延岡や宮崎で姿を見かける。延岡市内では愛宕山が迷蝶が集まるところとして有名で、山口さんなどはかなりの迷蝶を記録している。私も何回か見たことがあり、最近では1991年9月28日延岡出張の帰りに宮崎の子供の国でリュウキュウムラサキが椿の葉に止っているのを目撃した。

100. ゴマダラチョウ　延岡市大貫町、1985年7月21日
　延岡市内にはゴマダラチョウが多い。大貫の自宅では鉢植えのエノキに毎年卵を産んだ。富士でも岩本山まで行けばゴマダラチョウが見れる。

101. コムラサキ（クロコムラサキ）
　宮崎県高千穂町、1986年8月3日
　クロコムラサキは延岡市内にも多い。この写真を撮った所では、隣のクヌギでオオムラサキが吸蜜していた。

102. ゴマダラチョウとオオムラサキの越冬幼虫
　宮崎県北川町、1985年1月26日
　延岡周辺では冬にエノキの下を探すと、ゴマダラチョウとオオムラサキの越冬幼虫が同じ場所で見つかる。ゴマダラチョウの方が少し大きくて色が白く、2番目の突起が小さい。上の2頭がゴマダラチョウで下の2頭がオオムラサキである。

103. オオムラサキ孵化　宮崎県高千穂町、1986年8月9日
　オオムラサキとゴマダラチョウはエノキに卵を固めて産み付ける。卵の上の方に黒い円が見え始めると、孵化が一斉に始まる。

104. オオムラサキ羽化（♀）　宮崎県北川町、1983年7月1日
　オオムラサキの蛹は垂蛹の中で最も大きい。そこから成虫が出てくる瞬間は何とも言えず感動的である。

105. オオムラサキ　山梨県下部町、1991年6月8日
　延岡のオオムラサキは裏羽が白いが、富士周辺のものは裏羽が黄色いものが多い。

石崖蝶亜科（Marpesiinae）

　イシガケチョウも延岡で思い出のある蝶である。
　延岡で初めてイシガケチョウを写したのは、1982年4月17日で、場所は祝子川沿いの柚木町であった。そのときはまだそんなに沢山いるとは思っていなかったので、一歩一歩注意深く近づいて行ったのを覚えている。櫛津町に住んでいるときは裏山でかなりの数を見かけた。イシガケチョウは渓流の蝶で、祝子川や尾鈴山の渓流へ行くと、白い蝶のほとんどがイシガケチョウという時期もある。色は白くても飛び方がタテハチョウ独特の滑空するような飛び方をする。慣れれば飛んでいてもすぐにイシガケチョウと分かる。食樹はイヌビワである。イヌビワはビワというよりイチジクに似ている。イチジクと同じ属で、枝を切ればミルクのような白い樹液が出るし、実もイチジクを小さくしたような形で食べることができる。イシガケチョウの幼虫は独特の角を持っており、接写レンズで正面から見るとなかなか風格のある顔をしている。幼虫はイヌビワの葉を先の方から食べていく。そうすると、葉は先だけ主葉脈を残した独特の形になるので、どこに幼虫がいるか探すのに苦労はしない。イヌビワは富士でも低地には良く自生しているので、温暖化が続けばイシガケチョウが富士でも見られるようになるかもしれない。今のところイシガケチョウも南国の立て羽蝶である。

小紫亜科（Apaturinae）

墨流し

　スミナガシは日本の蝶にしては珍しく粋な名前が付いている。黒と白の模様から墨流しを連想したのであろうが、私には黒っぽい蝶が青い空をバックにして目の前をサーッと飛ぶ様の方が墨流しという名に相応しいと思う。スミナガシはコムラサキ亜科に属しているが、形態的にはイシガケチョウに近い。幼虫の触角の形や主葉脈を残す葉の食べ方はイシガケチョウそっくりである。小さい幼虫は時折体を反らしてちょうど鯱鉾のような形になる。いわゆる威嚇行動と呼ばれているものである。食樹は延岡ではヤマビワ、富士ではアワブキで、どちらも山では普通に見られる樹木である。ヤマビワ、アワブキともアオバセセリの食樹でもあるので、スミナガシの幼虫を探しに行くとアオバセセリの幼虫も見つかる。延岡では山間部でスミナガシを良く見るが、市内の愛宕山にも生息している。愛宕山中腹の鳥居では、7月頃夕方になると数頭から10頭のスミナガシが目の前をビュンビュン飛ぶ。スミナガシは普通単独で行動するので、一度にこれだけのスミナガシを見たのはこの場所だけであった。愛宕山は延岡市内の蝶の天国である。この素晴らしい環境を残すため、開発する時には充分環境維持に注意して欲しいものである。

コムラサキ（クロコムラサキ）

　コムラサキも日本全国にいるので、延岡にも富士にも生息している。しかも、面白いことに黒化型であるクロコムラサキはその分布が局地的であるにも拘わらず、延岡と富士周辺のどちらにも生息している。クロコムラサキはコムラサキと同一種であるが、黒色の遺伝子を持っている。この遺伝子は劣勢で、この遺伝子を持つクロコムラサキは褐色型よりも先に日本へ進入してきたらしい。その後褐色型が日本に進入してきてクロコムラサキは各地の狭い範囲に押しやられたようである。そうであれば、延岡と富士周辺のクロコムラサキは元々同じ先祖を持つことになる。富士周辺では安倍川にクロコムラサキが多く見られ、延岡では市内にもクロコムラサキが多い。上伊形町のヤナギには良くクロコムラサキが吸蜜に来ていたが、新しく道路が通ると聞いていたので、現在もこのヤナギの木があるかどうか心配である。延岡市大貫町の自宅では、すぐ前の空き地に小さなヤナギが生え、それに付いていた幼虫を息子が持ってきたことがあるが、残念ながらクロコムラサキではなかったが、環境さえ守られていれば、コムラサキは分布を広げようとする力は強いようである。クロコムラサキも延岡と富士とを結ぶ蝶の一つである。

ゴマダラチョウとオオムラサキ

　ゴマダラチョウとオオムラサキはどちらもエノキを食樹とし、延岡と富士周辺のどちらにも生息している。ゴマダラチョウとオオムラサキは同じエノキに混棲することもあるが、標高が低いところはゴマダラチョウ、比較的高いところはオオムラサキと棲み分けしているようである。しかし、オオムラサキは高山には姿を見せず、内陸部では標高の低いところにもいるので、ゴマダラチョウは人里に、オオムラサキは山間部にと棲み分けていると考えたほうが良いのかもしれない。人里の蝶というだけあって、

106.ヒメウラナミジャノメ卵
延岡市大貫町、1984年9月24日
青い色の蝶の卵は珍しい。拡大してみると宝石の様に美しい。

107.ウラナミジャノメ
宮崎県高鍋町、1986年9月14日
同じところにシルビアシジミがいる。他の場所のヒメウラナミジャノメとヤマトシジミに対応しているようだ。

108.ベニヒカゲ　長野県南牧村、1987年8月22日
別荘地に細々と生き続けているベニヒカゲ。右が♀で左の♂が近づこうとしている。雨の日でもベニヒカゲは活動する。

109. クモマベニヒカゲ
　山梨県大泉村、1988年7月31日
　クモマベニヒカゲの羽裏には白い模様がある。ちょうどベニヒカゲにタキシードを着せたような感じだ。

110. ジャノメチョウ
　大分県久住町、1986年8月16日
　ジャノメチョウは草原の蝶である。阿蘇山麓でも富士山麓でも数多く見かける。

111. ツマジロウラジャノメ　山梨県早川町、1990年9月2日
　静岡県でも少し高い山に行くと、ツマジロウラジャノメがいる。つま先に化粧をした雌が悠々と飛ぶ様は、ジャノメチョウ科の蝶とは思えない。

112. ウラジャノメ
　長野県茅野市、1984年7月31日
　ウラジャノメは少し登らないと見ることができない。

113. キマダラモドキ
　熊本県高森町、1986年9月23日
　延岡周辺、富士周辺どちらでも見ることができるが、数は多くなく生息地も局地的である。

114. ヒメキマダラヒカゲ
　長野県長谷村、1989年8月16日
　富士周辺では普通に見かけるが、延岡では高い山に登らないと出会えない。延岡に一番近い生息地は大崩山で、食草はスズタケである。

115. クロヒカゲ
宮崎県木城町、1982年9月11日
最も一般的なヒカゲチョウである。延岡では自宅の庭にもよく卵を産みに来た。

116. クロヒカゲモドキ
山梨県三珠町、1989年8月16日
クロヒカゲに似ているが、分布は局地的である。場所によっては、クロヒカゲモドキが優勢になる所もある。

117. サトキマダラヒカゲ
熊本県高森町、1986年8月4日

118. ヤマキマダラヒカゲ
宮崎県高千穂町、1986年7月19日

サトキマダラヒカゲとヤマキマダラヒカゲは昔は同一種と思われていた。染色体の数が異なるというが、見ただけでは未だに違いがよく分からない。生息場所も発生時期も似ているのでフィールドで出会っただけでは、ほとんど区別がつかない。

119.ヒメヒカゲ　愛知県新城市、1991年6月16日
　静岡県のヒメヒカゲは年々少なくなっているようだが、愛知県にはまだ数が多い。湿地の近くで発生していることが多く、数頭がチラチラと飛び回っている。

120.ヒメジャノメ終令幼虫
　富士市中丸、1991年10月18日
　ヒメジャノメはヒメウラナミジャノメと同様人里の蝶である。どちらかと言うとヒメウラナミジャノメよりも暗いところを好む。

121.ウスイロコノマチョウ前蛹
　宮崎県木城町、1989年10月18日
　ジャノメチョウ科の幼虫は頭はタテハチョウ科に胴体はセセリチョウ科に似ている。蛹はタテハチョウ科と同じ垂蛹である。

— 56 —

122.ウスイロコノマチョウ　宮崎県木城町、1989年11月11日
　クロコノマチョウは富士周辺にも土着するようになった。ウスイロコノマチョウは延岡付近でも迷蝶だと言われていたが、最近は木城町辺りでは土着しているようである。

123.クロコノマチョウ　宮崎県木城町、1982年9月11日
　クロコノマチョウは林の中を飛んでいるが、枯れ葉の上に急に止まると一瞬姿が消える。鳥から身を守るための動作である。

ゴマダラチョウは延岡市内でも富士市内でも見られる。延岡市大貫町に住んでいたときには、鉢植えのエノキに毎年ゴマダラチョウが卵を産みに来た。鉢植えのエノキだけでは餌が足りなくなるので、近くの大きなエノキに幼虫をよく移しに行ったものである。祝子渓谷で見るゴマダラチョウの春型には白い部分が多いものがいる。春型の雌は大型で、そのうえ色が白いと飛んでいるのをちょっと見ただけではゴマダラチョウとは思えず、迷蝶か何か新しい種類ではないかとつい興奮してしまうときがある。富士では岩本山公園や富士川沿いのエノキにゴマダラチョウが多い。

オオムラサキは延岡市内には生息していないと思われていたが、1987年に行縢山の麓で発見された[20]。発見したのは児玉さんで、延岡市でシータテハを発見した人でもある。延岡周辺でオオムラサキの成虫を見るのは難しく、久住や高千穂まで行けば、1〜2頭成虫を見かけるチャンスもあるが、延岡市の近くではめったに成虫を見ることができない。そこで、オオムラサキが生息しているかどうか確かめるために、冬エノキの葉を探すことになる。エノキの幹の近くの枯れ葉をめくると、オオムラサキの越冬幼虫が見つかる。延岡周辺ではゴマダラチョウの越冬幼虫と一緒に見つかることが多い。一見しただけではオオムラサキとゴマダラチョウの幼虫を見分けるのは難しそうだが、突起の数が異なるのとゴマダラチョウの方が少し大きくて色が薄いので慣れればすぐに見分けが付く。延岡とは異なり、富士では山梨県まで行けばかなりの数のオオムラサキを目撃することができる。オオムラサキには後翅裏面が黄色と銀白色のものがいるが、富士周辺では黄色の個体が多く、延岡周辺ではほとんどが銀白色の個体である。オオムラサキは、国蝶に指定されているように、日本を代表する蝶であるが、例に漏れず数は年々減少している。オオムラサキの生息には食樹のエノキと樹液が出る大きなクヌギやコナラが必要である。この条件を満たしているのは、いわゆる日本の林そのものであり、嘗ては武蔵野にもたくさん生息していたと聞いている。オオムラサキが減少するのは日本古来の林が急激に無くなっていくのが原因である。延岡周辺にはまだこのような林が多いので、変にトウキョウナイズされて、乱開発が無いようにと願っている。

ジャノメチョウ科(Satyridae)

ジャノメチョウ科の蝶は形態的にはタテハチョウに似ており、蛹も尻からぶら下がる垂蛹である。大きく分けると、ジャノメ、ヒカゲとコノマの3つに分けられる。ジャノメ（蛇の目）は草原の蝶で蛇の目玉模様があり、ヒカゲ（日陰）は名前が示すようにうっすらとした森林内にいる。コノマ（木の間）は南方系の蝶で、これも名前のとおり少し明かりの入る林で良く見かける。ジャノメチョウ科の蝶は地味ではあるが、日本列島固有種が多いので、日本の環境の変化を監視するうえでも重要な蝶である。

蛇の目蝶亜科(Satyriinae)

ヒメウラナミジャノメとウラナミジャノメ

ヒメウラナミジャノメは日本全国に分布し、畑や公園にも飛んでいるので、最も身近なジャノメチョウである。卵は薄い青色をしていて顕微鏡で覗くと宝石のように奇麗である。冬は幼虫で越すので、冬に庭などで石を除けると幼虫が見つかる。一方、ウラナミジャノメの分布は局地的である。ウラナミジャノメは延岡周辺にも富士周辺にも生息しているが、私はまだ富士周辺では見たことがない。延岡周辺では高鍋町に数が多い。生息地に行くと飛んでいるジャノメはほとんどウラナミジャノメである。そこにはウラナミジャノメの他にギンイチモンジセセリとシルビアシジミがいる。延岡市の似たような環境では、ヒメウラナミジャノメ、チャバネセセリとヤマトシジミがいるので、それぞれが対応した生物圏を形成しているようである。

ベニヒカゲとクモマベニヒカゲ

両種とも九州には生息していないので、延岡在住時は憧れの蝶であった。富士周辺でもかなりの高山に行かないと見ることができない。八ヶ岳には両種とも生息しているが、クモマベニヒカゲの方が出現時期が早く、標高の高いところにいる。日本ではベニヒカゲの方が生息地も個体数も多いが、世界的に見るとクモマベニヒカゲの方が分布域が広く旧北区全域に生息している。このように日本の蝶は、日本では普通種でも世界的に見れば珍しく、日本では珍しい蝶が世界的には普通種であることが多い。ベニ

ヒカゲが暮らしてきた環境は人間の別荘にも適しているらしく、最近ベニヒカゲの生息地に別荘地が良く開発される。別荘地になってもベニヒカゲは力強く生き続けているのであるが、そこで新たな問題が起こってきている。ベニヒカゲを求めてきた採集者が別荘地内をうろうろするのはけしからんということで、別荘の所有者と採集者の間で揉め事が良く起こっているらしい。現状ではマナーの悪い採集者が多いので、このままベニヒカゲが生息できる環境を保証するなら別荘所有者の言い分に荷担したい。ただ、別荘地にしたために、ベニヒカゲ以外の蝶は激減したので、別荘地といえども、せっかく残っている自然林をむやみに開発するのは賛成しかねる。

蛇の目蝶

名前がそのものずばりのジャノメチョウ科を代表する蝶である。富士周辺では富士山麓の草原に、延岡周辺では阿蘇山麓の草原に多い。町中に近い所でも、数は少ないが目撃するので、かなり環境適応力の強い蝶である。富士山麓と阿蘇山麓では、時期によってはジャノメチョウだらけという感じで、逆に言えばジャノメチョウしかいないということがある。それは8月の中旬で、ちょうど春から夏に掛けて出てくる蝶が姿を見せなくなり、秋の蝶がまだ少なく、ヤマキチョウやヒョウモン類が夏眠をしているときである。大型の茶色い蝶が草原を飛び回り、アザミの花で吸蜜する。飛んでいるときはそれほど奇麗ではないが、花に止った姿を良く見ると結構奇麗である。特に雌は大きく見るたびに味の出てくる蝶である。人の気配には敏感で、写真を撮ろうとしてカメラを構えるとスーッと飛び立つ。ジャノメチョウを撮影しようと思うなら、カメラ片手に草原をかなりの時間うろうろすることを覚悟せねばならない。その名前の由来となっている羽の目玉模様は蛇という感じではなく、もっと優しい哺乳動物に近いものである。蛇の目という意味ではウラナミジャノメの方が蛇に近い感じがする。

ウラジャノメとツマジロウラジャノメ

ウラジャノメとツマジロウラジャノメも九州では見ることができず、富士に来て始めて写真が撮れた蝶である。ウラジャノメを確実に見るには長野県まで行くことが多い。ツマジロウラジャノメは南の方では山梨県と静岡県の境に多く、夏の終わり頃になると数が多くなる。ツマジロウラジャノメの飛び方はゆっくり飛ぶときと速く飛ぶときでは全く別の蝶のようである。羽先の白い雌が木々の合間を悠々と飛ぶ様はじつに優雅でとてもジャノメチョウ科の蝶とは思えない。ツマジロウラジャノメは蝶の種類の少ない8月の終わりから9月に掛けて出現するので、格好の被写体になる。この時期山で出会う蝶は、キベリタテハ、アサギマダラとツマジロウラジャノメである。

ヒカゲチョウ亜科(Elymniinae)

黄斑日陰

黄斑と名の付く日陰蝶には、ヒメキマダラヒカゲ、キマダラモドキ、サトキマダラヒカゲとヤマキマダラヒカゲがいる。いずれも延岡と富士に住んでいる間に見ることができた。ヒメキマダラヒカゲは山地性の蝶で特に延岡周辺では生息地は高山に限られている。冬、大崩山に登ったとき、登山道沿いのスズタケの葉をめくっていくと、たまに葉の裏側で越冬しているヒメキマダラヒカゲの幼虫を見つけることができる。スズタケの葉の裏で、数頭の幼虫が寒さに耐えるように体を寄せ合ってじっとしている。

キマダラモドキは久住高原のコナラやクヌギの疎林に見られるが、数は多くない。八ヶ岳山麓ではペンションなどが多く建っている辺りに見られるが、まだ富士山麓では見たことがない。黄斑の中では羽の形が丸みを帯びており、ジャノメチョウやオオヒカゲのシルエットに近い。

サトキマダラヒカゲとヤマキマダラヒカゲはお洒落なヒカゲでどちらも日本列島の固有種である。この2種の外見は非常に良く似ている。慣れた人にとっては簡単なのだろうが、私にはこの2種の成虫の違いを判断することが難しく、フィールドで出会っても未だにヤマかサトかの違いが分からない。静岡の高橋さんはこの2種の区別をあっと言う間にしてしまうので、まるで神様のようである。このように外見的にはそっくりの2種であるが、染色体数はや

マキマダラヒカゲが28で、サトキマダラヒカゲが46なので、系統的には意外と離れているようである。

黒日陰と黒日陰擬

　黒日陰蝶には、クロヒカゲとクロヒカゲモドキがいる。クロヒカゲは一般的な蝶で林に行くと延岡でも富士でも良く飛んでいる。特に延岡市大貫町の自宅では家の中に良く入ってきた。クロヒカゲモドキの生息地は局地的で延岡周辺では阿蘇まで行かねばならない。富士でも局地的ではあるが数は随分多くなり、富士山の周りの山で見ることができる。クロヒカゲモドキが発生するところでは密度は濃く、場所と時間を間違えなければ、黒い蝶のほとんどがクロヒカゲモドキということもある。

ヒメジャノメとヒメヒカゲ

　ヒメジャノメとヒメヒカゲはどちらも小さい蝶で、名前と形態が一見逆のような感じのする蝶である。ヒメジャノメは近似種のコジャノメと同じくヒカゲチョウ亜科に属しているが、ジャノメチョウという名が付いている。ヒメジャノメが好む環境は他のヒカゲチョウと同じく木立の中だが、コジャノメほど林が好きという分けでもなく、公園や庭などでもよく見かける。延岡の自宅の庭でも、富士の自宅の庭でもヒメジャノメはスゲ類を食草として代を重ねていた。だだ、食草以外の葉にもよく卵を産むので成虫の数の割には卵を見つけるのは難しい。富士市中丸の自宅の庭ではヌスビトハギに卵を産んでいるのを見たことがある。

　ヒメヒカゲは名前のとおりヒカゲチョウの仲間であるが、ヒメジャノメとは異なり、林間よりも草原を好む。ただ、阿蘇山や富士山にあるような大草原というイメージではなく、山間部にある少し湿った草地という感じの所にいる。生息地は限定されていて、九州には産しない。静岡県では愛知県との境目の湿地に産地があるが、最近は静岡県側では絶滅した産地が多いと聞いている。

コノマチョウ亜科(Biinae)

　コノマチョウ属の蝶は日本には2種類生息している。ウスイロコノマチョウとクロコノマチョウである。世界的に見ればウスイロコノマチョウの方が分布域が広いが、御多分に洩れず日本ではクロコノマチョウの方が優勢である。初めてクロコノマチョウを見たのは中学生の時で、生物部の部室に置いてあった標本である。その時は、ジャノメチョウ科にしては体が大きく、精悍な形をしているこの蝶を一度はフィールドで見てみたいものだと思っていた。大学を出て旭化成に就職後、勤務地の関係で延岡で生活し、すぐクロコノマチョウを目撃した。山中の道を歩いていると、急にクロコノマチョウが飛び出してきた。すごく大きな茶色い蝶が、何回もジャンプするような独特の飛び方で出てきたので、ずーっと眺めていた思い出がある。今考えるとそんなに大きくはないのだろうが、そのときのクロコノマチョウが私の記憶の中では最も大きなものになっている。人間とは贅沢にできているもので、そんなに憧れていたクロコノマチョウであったが、延岡に長く住んで何度も見ていると、またクロコノマかと文句を言うようになった。クロコノマチョウは最近その分布を北に伸ばし、富士周辺でもかなり数が増えている。1991年には、富士川の支流で越冬個体を2頭目撃しているので、土着して繁殖しているのは確実である。延岡近辺では、場所によってはクヌギ林で最も多い蝶はクロコノマチョウという場合も珍しくない。幼虫はジュズダマを好むがススキでも良く見つかる。角が生えた緑色の大きな終令幼虫は、タテハチョウ的でなかなか見事である。

　ウスイロコノマチョウはここ2～3年でよく見かけるようになった。秋型はクロコノマチョウと殆ど見分けがつかず、手に取って表羽の目玉模様の中の黒点が真ん中にあるか端によっているかによって判断しなければならない。そのため、それまではウスイロコノマチョウを見ても、全てクロコノマチョウと思っていたのかもしれない。夏型のウスイロコノマチョウは裏羽に独特の波模様があって木にでも止ればすぐにウスイロコノマチョウと分かる。延岡でも時々見かけたという話を聞くが、宮崎県木城町では、毎年同じ場所で夏型と秋型の双方を数多く目撃しているので、確実に土着していると思っている。幼虫はクロコノマチョウそっくりで、食草も同じジュズダマなので、私には幼虫の見分けが全くつかず、羽化して成虫になるまでウスイロかクロコノマチョウか分からない。

124. チャマダラセセリ
　長野県開田村、1990年5月13日
　富士山麓ではミツバツチグリやキジムシロが多くあるのに、年々数が減少している。昔は普通種だったこの蝶も今では珍種の仲間になった。

125. ミヤマセセリ卵
　大分県九重町、1984年5月20日
　ミヤマセセリは春の蝶である。卵の形はセセリチョウらしくなく、タテハチョウ科の蝶の卵に似ている。写真はクヌギに産卵されたもの。

126. ダイミョウセセリ
　山梨県下部町
　1989年6月18日
　ダイミョウセセリには関西型と関東型がある。延岡は関西型で後羽に白帯がある。富士では関東型になり、写真のように後羽に白帯がない。

127. アオバセセリ
　鹿児島県開門町、1984年4月28日
　アオバセセリの青色は死ぬと色褪せてしまう。生きているときの方が奇麗な蝶の代表格の1つである。延岡では金柑の花にアオバセセリの群れが集まることが多かった。

128. キバネセセリ
　熊本県高森町、1986年8月30日
　宮崎と熊本の県境で見つけたキバネセセリ。延岡在住時に見たのはこれ1頭だけであった。白い花はリョウブである。

129. ギンイチモンジセセリ
　宮崎県高千穂町、1983年5月7日
　春型は銀色の線が奇麗に出る。富士山麓や阿蘇山麓などの草原に多いが、高鍋町では標高の低い河川敷にも発生している。

130. ホシチャバネセセリ　山梨県上九一色村、1990年7月22日
　富士山麓にはセセリチョウが多い。その中でもホシチャバネセセリは富士山麓を代表する蝶の一つである。

131. スジグロチャバネセセリ
　熊本県高森町、1986年7月19日
　新鮮な個体は黒い筋が奇麗で浮き上がって見える。止っている花はオカトラノオである。

132. ヒメキマダラセセリ
　長野県小海町、1988年7月24日
　この止り方はSkipper独特のものである。この姿勢のときは近寄ってもあまり逃げない。

— 63 —

133. コキマダラセセリ　山梨県上九一色村、1988年7月23日
　富士山麓の草原には色々な花が咲いているが、紫色で目につくのはアヤメである。コキマダラセセリはそのアヤメの蜜が大好きなようだ。

134. アカセセリ　山梨県上九一色村、1988年7月23日
コキマダラセセリに混ざって少し小さめのセセリが目につく。近寄って良く見て前羽に白い性斑があれば、アカセセリである。

135. キマダラセセリ
熊本県高森町、1984年8月4日
　阿蘇と富士の草原は似ているが、生息しているセセリの種類は富士の方が豊富である。

136．ホソバセセリ
　山梨県三珠町、1989年7月23日
　どこにでもいるようで、見たいと思う時に見ることができないのがホソバセセリである。延岡では櫛津町や天下町など市内にも生息していた。

137．オオチャバネセセリ
　大分県久住町、1986年7月26日
　阿蘇山麓に多いセセリチョウで、アザミの花があるところでは吸蜜している姿をよく見かける。

138．ミヤマチャバネセセリ
　宮崎県北川町祝子渓谷、1986年5月17日
　延岡の近くの渓流沿いにもセセリの種類が多い。この日はクロセセリも近くで撮影した。

139．クロセセリ
　宮崎県門川町、1984年5月20日
　クロセセリも延岡を代表する蝶である。町中の店の中にも入ってくることがある。冬、ハナミョウガを探すと幼虫と蛹が見つかる。

セセリチョウ科（Hesperiidae）

　セセリチョウはちょっと見ただけでは蝶とは思えず、人によっては蛾と思っている人もいる。英語ではButterflyやMothとは別のSkipperという名前が与えられている。Skipperとはその名のとおりスキップをするものという意味でセセリチョウの飛び方をうまく表している。日本語のセセリは挵と書き、あちこちつつき回るという意味であり、これもセセリチョウの習性をよく表している。セセリチョウを大きく分けると、羽を広げて止るグループと羽を閉じて止るグループの2つに分けられる。いずれにしろ、触角の形や幼虫の形態など蛾に近い蝶であることは間違いない。

チャマダラセセリ亜科（Pyrginae）

　羽を広げて止るセセリチョウの一群で、日本には5種類生息している。延岡周辺ではミヤマセセリとダイミョウセセリを、富士周辺ではミヤマセセリ、ダイミョウセセリとチャマダラセセリを見ることができる。羽を閉じて止るグループよりも少し早い時期から姿を見せる。

チャマダラセセリ

　かっては富士山麓に広く分布しており、富士宮の公園墓地にも生息していたとのことである。最近は、めっきり数が少なくなり、確実に生息していると言われている上九一色村でも3年前に1頭確認されただけである。食草であるミツバツチグリやキジムシロはたくさんあるので、数が減少しているのは別の原因のようである。私は乱獲と自動車の排気ガスが原因なのではないかと思っている。富士山麓でまだ生息している所があると聞いたので、かなり山奥まで観察しに行ったことがある。しかし、そこでもバイクが何台も我がもの顔に走り回り、子供を連れて安心して歩けない状態であった。山で遊びたいなら環境のことも考えて、徒歩か自転車にすべきであろう。開田高原にはまだたくさんチャマダラセセリが生息しているが、ここは採集者が多く、蝶よりもネットの数の方が多い状態である。いずれ開田高原にもチャマダラセセリがいなくなるかもしれない。

ミヤマセセリ

　春一番に見かける蝶である。まだコナラやクヌギが冬芽のままの寒々とした林の中でも、日当たりが良い日にはミヤマセセリが飛んでいる。成虫は茶色なのでそれほど目立たないが、それでも雌には白や黄色の模様がはっきりしており、良く見ると奇麗な蝶である。ミヤマセセリは延岡でも富士でも数多くいるが、活動する季節が春早く、蝶の数が多い春から夏に掛けては姿を見ることがないため、一般の人にはあまり馴染みがないようである。卵は他のセセリチョウとは違って非常に奇麗である。多くのセセリチョウの卵は白っぽくてのっぺりした半饅頭型をしている。これに対し、クヌギなどに産み付けられたミヤマセセリの卵は鮮やかなオレンジ色をしており、タテハチョウ科の卵のように縦に縞が走っている。ミヤマセセリが飛び始めると、桜が咲き新学年が始まる。

ダイミョウセセリ

　ダイミョウセセリは一年を通して姿を見せ、延岡にも富士にも生息している。ヤマノイモを食草としているので、秋にヤマイモの蔓探しに行くとダイミョウセセリの幼虫の巣をよく見かける。しかし、延岡と富士のダイミョウセセリは別種と思えるほど模様が変わっており、富士のダイミョウセセリには後羽に白い帯がない。延岡にいるのを関西型、富士にいるのを関東型と呼び、三重県辺りが境目である。

アオバセセリ亜科（Coeliadinae）

　アオバセセリ亜科の蝶は熱帯性である。延岡と富士周辺ではこの亜科の分布北限としてアオバセセリとキバネセセリが生息している。この中で、キバネセセリは北方系の蝶のように北に行くほど勢力が大きく、富士周辺では姿を見かけるが、延岡周辺では幻の蝶である。一度熊本県と宮崎県の県境の山中でリョウブの花に吸蜜に来ている成虫を目撃したことがあるが[21]、写真を見せてもなかなか信用してもらえなかったことがある。これに対し、アオバセセリは富士より延岡の方が数が多い。富士周辺の渓流でも良く見かけるが、1〜2頭飛んでいるだけである。延岡では金柑の花が咲く頃になると大群で吸蜜に集まり、金柑の木のあちこちにアオバセセリが飛び回る。延岡市櫛津町でも、毎年7月終わり頃、隣の川

津さん宅の金柑の花にアオバセセリが群れをなして吸蜜に来ていた。アオバセセリは奇麗な青色をしているが、幼虫も蝶とは思えない奇抜な模様をしている。食樹は延岡ではヤマビワ、富士ではアワブキで、食樹の葉に造られた巣を開けると黒と赤と黄色のケバケバしい姿が目に入る。ちょうど毒蛇のように見えるので、この姿で鳥を驚かしているのかもしれない。ヤマビワとアワブキはスミナガシの食樹でもあり、アオバセセリのいる近くにはスミナガシもいることが多い。

アカセセリ亜科 (Hesperiinae)

羽を閉じて止るセセリチョウのほとんどがこの亜科に属している。少し見ただけでは違いが分からないものも多い。しかし、山や川に行ったとき注意して観察すると、かなりの種類のセセリチョウに出会っていることが分かるだろう。セセリチョウは草原性なので、特に富士山麓には多く生息している。草原と言っても自然状態の草原で、芝だけにするために農薬の使われている草原擬にはもちろん生息できない。

ギンイチモンジセセリとホシチャバネセセリ

どちらも草原性の蝶で富士山麓では両種を観察することが出来る。ホシチャバネセセリは生息地が限定され、阿蘇山麓など九州では見ることができない。これに対し、ギンイチモンジセセリは日本全土に広く分布し阿蘇山麓など九州の草原にも多く見られる。年2～3回発生するが春型が特に奇麗でその名前の由来になった銀色の線模様がはっきりと付いている。ギンイチモンジセセリは山地性の蝶と考えられがちだが、河川敷でも発生することがある。宮崎県高鍋町などでは標高がかなり低い河川敷でも発生しており、シルビアシジミやウラナミジャノメと一緒に飛び回っている。ホシチャバネセセリは富士山麓を代表する蝶の一つで、ヒメシジミがいなくなる7月中頃から他のセセリチョウに先駆けて姿を現す。

コキマダラセセリとアカセセリ

コキマダラセセリもアカセセリも延岡では見ることができない。富士周辺ではコキマダラセセリは良く見るがアカセセリは滅多に見れない。その中で富士山麓にはアカセセリが数多い貴重な草原がある。ホシチャバネセセリが姿を現し、次いでコキマダラセセリが飛び始めてから少し経つとアカセセリが姿を見せる。アカセセリはコキマダラセセリより少し小さく、雄の前羽には白い独特の性斑があるのですぐ区別できる。富士山麓の草原でこの蝶が出始めるともうすぐ8月で、ヤマキチョウが目覚めるお盆まで、草原はセセリチョウとジャノメチョウの天下になる。

クロセセリ

クロセセリは富士周辺には生息していないが、延岡では町中にも姿を見せる。ミカドアゲハ、ツマグロヒョウモン、タテハモドキ、ムラサキツバメなどと共に延岡市を代表する蝶である。山や林の中で、少し水のあるところには食草であるハナミョウガが生えている。ハナミョウガは5月頃奇麗な花を咲かせるのでハナという名が付いているが葉はミョウガそっくりである。そのハナミョウガの葉が少し折れ曲がっている箇所をめくってみると、クロセセリの幼虫や蛹が見つかる。

その他のセセリチョウ

スジグロチャバネセセリ、キマダラセセリとヒメキマダラセセリは富士周辺にも延岡周辺にも生息している。この中で狙って出会えないのがキマダラセセリである。分布域は広いのだが、個体数がそれほど多くなく、意外なところで出会うことが多い。ホソバセセリは局地的であるが延岡にも富士にもいる。延岡では櫛津町や天下町などでも見たことがあるが、発生期間が短いことと発生場所が限定されているということから、ホソバセセリも見ようと思ってもなかなか見れない蝶である。オオチャバネセセリとミヤマチャバネセセリも富士と延岡のどちらにも生息している。少し大きめのチャバネセセリを追いかけるとたいていミヤマかオオチャバネのどちらかである。ミヤマチャバネセセリには白い点が余分にあるので、すぐそれと分かる。

140. Monarch（オオカバマダラ）　Pacific Grove, CA、1990年1月20日
Monarchは渡をする蝶として有名である。越冬地の松には数十万頭のMonarchがぶら下がっていた。

141. Mourning Cloak（キベリタテハ）　Pasadena, CA、1991年9月11日
日本では山地性のキベリタテハが砂漠の中にいた。ここでの食樹はヤナギの一種らしい。

カリフォルニアの蝶

Monarch（オオカバマダラ）

　仕事の都合でカリフォルニアに時たま行くことがある。カリフォルニアは偏西風が一年を通して吹き込んでいるので、同緯度の日本の地域と比べるとかなり暖かい。サンフランシスコから南へ120mileのところにラッコで有名なモントレー半島がある。モントレー半島の先端にPcific Groveという小さな町があり、Monarch（和名オオカバマダラ）の越冬地として最近知れ渡ってきた。Butterfly Grove Innというモーテルの敷地内にある松の木に数十万頭のMonarchがぶら下がり越冬している。ちょうど沢山の蝶が木の葉のように見え、遠目には蝶が止っているようには見えない。ここのMonarchはカナダや米国北西部から越冬するために何千kmも移動してやって来る。毎年越冬する木が決まっており、その木だけに数十万頭もの蝶がぶら下がるのも不思議であるが、Monarchの移動はもっと神秘に満ちている。というのは、越冬地を出発して次の年に越冬地に帰ってくる蝶は同一個体ではなく、2～3世代後の個体である。北上してまた南下する間に世代交代を行なっているのである。それにも拘わらず、毎年同じルートを通り、同じ越冬地に帰ってきて、同じ木で体を休めるのである。鳥の渡りは同一個体が移動を何回か経験するので、そのルートなどを一個体が学習すると考えられている。Monarchの場合は、遺伝子の中にそのような情報が取り込まれているとしか考えられない。

　Monarchの越冬地としてはフロリダ半島やメキシコ山中がモントレー半島よりも大規模であるが、Monarchの保護に関してはPacific Groveの住民の方が熱意がある。初めはMonarchに危害を加えた場合に$500の罰金を取るというルールを決めたが、Monarchの越冬地の周りを人工的に整地するなどちぐはぐな面も見られた。しかし、2～3年前からMs.VaccaaroがFriends of the MonarchsのPresidentとして活躍し始め、市議会や州議会にも働き掛けて徐々にその保護活動を正常で実りのあるものにしつつある。私もその活動に賛同したのでFriends of the Monarchsの会員申込を行ない、初のインターナショナルメンバーとして認められた。Pacific Groveの保護活動で日本と異なるのは住民のボランティア活動が活発であるということである。Tシャツやバッチを売って資金源とし、蝶が帰ってくる秋には町中でバタフライパレードを行ない、裁判にも訴える形で地方行政に働き掛けて保護活動を展開している。いかにもアメリカ的と言えばアメリカ的である。このような活動があるにも拘わらず、年々Pacific Groveに帰ってくるMonarchが減ってきている。その理由は旅の途中で世代交代を行なうために必要な食草であるMilkweedが減少して来ているからである。Milkweedは毒がある雑草なので、Monarchに関する知識がなければ、どうしてもやっかいものということで邪魔もの扱いされ、抜き取られてしまうからである。

　日本にもMonarchと同じように渡りをする蝶がいる。それはMonarchと同じマダラチョウ科のアサギマダラである。マダラチョウ科の項で述べたように、最近の調査では1000km以上同一個体が移動している。アサギマダラは富士周辺では富士山に多く、延岡周辺では門川の遠見山に多い。調査では伊豆半島から鹿児島まで飛んでいるので、富士から延岡へ飛んでいる個体も多いものと推定できる。延岡と富士を結ぶ蝶と言う意味ではアサギマダラが最も相応しいのかもしれない。

Mourning Cloak（キベリタテハ）

　ロサンジェルスの郊外にあるPasadenaは開拓時代にスペイン人がミッションを建てたところで、現在はローズボウルとカリフォルニア工科大学のある町として知られている。カリフォルニア工科大学とは仕事上の付き合いがあるので、たまにPasadenaに行くことがある。ロサンゼルスは砂漠の中にできた町でPasadenaもほとんど雨が降らない。そんな町中の公園でキベリタテハを見かけた。米国ではMourning Cloakと呼ばれており、日本に生息しているのと同一種である。ただし、日本での食樹であるダケカンバは生えていないので、ヤナギを食樹としているようだ。静岡県ではキベリタテハは南アルプスの高山地帯にしか生息していない。それと全く同じ遺伝子を持つ蝶がカリフォルニアでは砂漠のような所に住んでいる。なつかしい気がするとともに、この蝶の持っているバイタリティーに感心させられた。しかし、このような環境変化への適応性は、何千年、何万年も掛けて得られたものなので、最近のように数年で生息環境が変えられてしまう様な場合には全く効果がない。そういう意味では、他の野生動物と同様、蝶にとっての最大の天敵は人類であるようだ。

延岡市内のフィールド

　延岡周辺には大崩山系、尾鈴山系や阿蘇山系など蝶を観察するのに適したフィールドが多くある。延岡市内でも愛宕山など蝶の数が多いところがあるが、ここでは思い出深い櫛津町と薬品工場を紹介したい。

延岡市櫛津町

　櫛津町は延岡市の一番南にあり、隣は門川町である。国道10号線から東側の海岸までは5kmくらいで、標高200m位の低い山が幾つかあり、尾根状になっている。ここで結婚してから5年間暮らした。自宅は小さな新興住宅地の一番山側にあり、庭の前は道路一つを挟んで山に直接繋がっていた。自宅から100mほど山に入ると小さな川が流れており、その流れに沿って色々な草木が茂っていた。そのような環境の中で、中学以来再び蝶に興味を持ち始めたのは、櫛津町で暮らし始めて2年ほど経ってからである。そのきっかけとなった櫛津町の蝶相をここで纏めておきたい。下に示したのは1982年と1983年の2年間だけの記録であるが、1月から12月まで一年中、自宅付近を少し散歩するだけで52種類の蝶を観察することができた。まさに延岡ならではのことである。

種名	月	種名	月
ジャコウアゲハ	4月	タテハモドキ	1、3、4、5、9、10、11、12月
アオスジアゲハ	4、7月	イシガケチョウ	4、5月
ミカドアゲハ	9、10月	ゴマダラチョウ	7、9月
アゲハ	3、7月	ムラサキシジミ	1、3、9、11、12月
キアゲハ	4、10月	ムラサキツバメ	1、9、11、12月
クロアゲハ	7月	ベニシジミ	3、4、5、11月
モンキアゲハ	7月	トラフシジミ	4月
ナガサキアゲハ	7月	ゴイシシジミ	9月
カラスアゲハ	4、7月	ウラナミシジミ	7、8、10、11、12月
モンシロチョウ	2、3、4、5、11月	ヤマトシジミ	7、9、10、11、12月
スジグロシロチョウ	3、4月	ルリシジミ	3、4月
キチョウ	1、2、3、4、7、10、11月	サツマシジミ	3、4月
モンキチョウ	5月	ツバメシジミ	3、4月
ツマグロキチョウ	3、4月	タイワンツバメシジミ	9月
ツマキチョウ	3、4月	ウラギンシジミ	8月
アサギマダラ	9月	ヒメウラナミジャノメ	7、9月
ツマグロヒョウモン	1、3、4、7、11月	ヒメジャノメ	4、5、9月
メスグロヒョウモン	10月	クロヒカゲ	9月
ミドリヒョウモン幼虫	4月	クロコノマチョウ	9月
イチモンジチョウ	7、10月	ダイミョウセセリ	9月
コミスジ	4、7月	アオバセセリ	7月
キタテハ	1、2、3、4、10、11月	ヒメキマダラセセリ	5月
ルリタテハ	2、3、4、10月	キマダラセセリ	9月
アカタテハ	9、11、12月	ホソバセセリ	7月
ヒメアカタテハ	1、11、12月	チャバネセセリ	7、10月
ヒオドシチョウ	4月	イチモンジセセリ	5、7月

旭化成薬品工場

　1982年から1986年の4年間、旭化成の薬品工場で研究開発の仕事に従事した。薬品工場は延岡市内の真中にあるが、すぐ傍に愛宕山があるので、町中にしては蝶の種類が多い。仕事をしながら観察した蝶を纏めてみた。結果は22種類の蝶に囲まれた仕事場であり、今から思うとなかなか楽しい職場であった。

種名	月	種名	月
ジャコウアゲハ	4月	アカタテハ	3、11月
アゲハ	4月	ヒメアカタテハ	2、7、11月
アオスジアゲハ	4、5、7月	タテハモドキ	4、6、11月
ミカドアゲハ	4、5、9月	ベニシジミ	4月
カラスアゲハ	5月	ムラサキシジミ	11月
モンシロチョウ	3、6、11月	ムラサキツバメ	11、12月
ツマキチョウ	3、4月	ウラナミシジミ	11月
アサギマダラ	10月	ヤマトシジミ	11、12月
ツマグロヒョウモン	2、6、7、11月	ウラギンシジミ	11月
ヒオドシチョウ	5月	アオバセセリ	4月
キタテハ	11月	イチモンジセセリ	9、11月

延岡市内図

富士での楽しみ小林ポイント

　富士市から朝霧高原、本栖湖を越えて山梨県に入り、精進トンネルを抜けると芦川が流れている。この芦川流域に非常に面白い場所がある。渓流沿いに椎茸栽培用のコナラやクヌギが植わっており、雑木林の中にはエノキ、オニグルミやカエデなどもある。たかだか100m位の道に沿ってそこだけ色々珍しい蝶が生息している。この場所は富士宮の小林さんに教わったので、小林ポイントと呼んでいる。延岡では観察するチャンスのなかった蝶も多く、富士での生活を楽しむのにもってこいの場所である。小林ポイントで出会った蝶の纒めをしてみた。

ジャコウアゲハ	6月	ムモンアカシジミ	7月
アゲハ	4月	〃　卵（コナラ）	12月
クロアゲハ	4月	ウラミスジシジミ卵(コナラ)	12月
モンシロチョウ	4、12月	ミズイロオナガシジミ	6、7月
スジグロシロチョウ	4、6、8月	〃　卵（コナラ）	12月
キチョウ	4、6、12月	オナガシジミ	7月
モンキキチョウ	4月	〃　卵（オニグルミ）	12月
スジボソヤマキチョウ	6月	オオミドリシジミ	6、7月
ツマキチョウ	4月	〃　卵（コナラ）	12月
テングチョウ	6、7、12月	メスアカミドリシジミ	6月
〃　幼虫（エノキ）	4月	ミヤマカラスシジミ	7月
ミドリヒョウモン	6、7月	コツバメ	4月
イチモンジチョウ	6月	トラフシジミ	6月
コミスジ	4、6月	ベニシジミ	4月
ミスジチョウ	6月	ヤマトシジミ	6月
オオミスジ	6月	ルリシジミ	4、6、8月
サカハチチョウ	4、6月	ツバメシジミ	4、8月
〃　卵（コアカソ）	4月	ゴマシジミ	8月
キタテハ	12月	ウラギンシジミ	7、12月
シータテハ	5月	ヒメウラナミジャノメ	6月
クジャクチョウ	4、6、7月	ジャノメチョウ	8月
スミナガシ	7月	クロヒカゲモドキ	8月
ゴマダラチョウ幼虫（エノキ）	12月	ミヤマセセリ	4月
オオムラサキ	7、8月	ダイミョウセセリ	6月
〃　幼虫（エノキ）	4、5、12月	アオバセセリ	6月
ウラゴマダラシジミ	6月	ホソバセセリ	7月
アカシジミ	6、7月	コチャバネセセリ	7月
〃　卵（コナラ）	12月	イチモンジセセリ	6月
ウラナミアカシジミ	6月		

　ここだけで49種類の蝶を観察できた。これらの他、小林ポイントの近くで、ウスバシロチョウ、オナガアゲハ、ミヤマカラスアゲハ、ウラギンヒョウモン、ホシミスジ、キベリタテハ、ウラキンシジミ、ウラクロシジミ、ミドリシジミ、エゾミドリシジミ、ハヤシミドリシジミ、クロツバメシジミ、アサマシジミ、ヒメシジミ、ヒカゲチョウ、ギンイチモンジセセリを見ることができ[22]、更に小林ポイントから富士市への帰り道では、ギフチョウ、キアゲハ、モンキアゲハ、カラスアゲハ、ヤマキチョウ、ヒメシロチョウ、ヒョウモンチョウ、ウラギンヒョウモン、メスグロヒョウモン、アサマイチモンジ、アカタテハ、ルリタテハ、ムラサキシジミ、クロシジミ、スギタニルリシジミ、ミヤマシジミ、コジャノメ、キマダラヒカゲ、クロコノマチョウ、チャマダラセセリ、ギンイチモンジセセリ、ホシチャバネセセリ、チャバネセセリ、ミヤマチャバネセセリ、コキマダラセセリ、アカセセリ、キマダラセセリが見れるので[23]、合計92種類の蝶を手身近に観察することができる。この中には延岡在住時には見ることができなかったものが21種類も含まれており、転勤も悪くないものだと思っている。

終わりに

　私が蝶に興味を持ったのは、中学生のときに生物クラブに所属していたからである。その時の担当教官である井出先生には、八ヶ岳キャンプなどで大変お世話になった。[24)25)]その後、結婚して子供ができるまで蝶のことは忘れ、マリンスポーツなど一般的なレジャーを楽しんでいた。再び山に入り始めて、いつも気になるのは最近の自然破壊の状況である。[26)27)]昔の山の状態を知っているだけに、久しぶりに見る山や草原の無残な姿に愕然とすることが多かった。1988年の調査では[28)]日本の自然植生は国土の20％を割り、照葉樹林に至っては１％しか残っていない。それに対し、杉や桧などの植林は25％にもなっている。これは最近の杉花粉症増加の原因でもある[29)]。自然林の破壊は戦後の針葉樹植林政策と1987年6月に施行されたリゾート法によるゴルフ場やスキー場の乱造に拠るところが大きい。[30)31)]1988年末で、日本には1619のゴルフ場が既にあり、建設中の332、計画中の584を合わせると2535箇所だったので、最近は狭い日本の国土の山野はゴルフ場だらけになっているのだろう。人間が生きていく以上、国土開発は必要であると思うが、単なるブームで短期間に環境を一変させるようなことには賛成しかねる。蝶についてのみ言えば、確かにマニアによる乱獲も目に余ることもあるが、乱獲によって種が絶滅するのは本当に特殊な種だけである。また、乱獲するのはマナーの良い採集者ではなく、蝶の売買によって利益を得ようとするブローカーである。大部分の蝶は乱獲ではなくて、生息地の環境破壊によって絶滅の危機に瀕している。前にも述べたが、キャベツ畑がある限り、どんなに農薬をまこうともモンシロチョウは絶滅しない。それほど昆虫の生命力は強いのである。子や孫にゴルフ場を残したいかそれとも沢山の蝶の飛ぶ山野を残したいかと聞かれれば、私は迷わず後者と答えるであろう。最近は環境を見直そうという意識が高まってきているので、[32)〜38)]開発と自然保護が両立するような時代になって欲しいものだと思っている。

　最後に、延岡在住時にお世話になった児玉重信さん、中野淳さん、安本潤一さん、木野田毅さんをはじめとする延岡昆虫同好会の皆さん、富士在住時にお世話になった伊藤克一さん、小林國彦さん、高橋真弓さんをはじめとする静岡昆虫同好会の皆さんに感謝します。

1992年2月

1) 乱獲で絶滅の危機，毎日新聞，Apr.22（1989）
2) 自然界の密航者，朝日新聞，Aug.19（1984）
3) 安本潤一，小松孝寛，ジャコウアゲハとホソオチョウの幼虫同時採集，駿河の昆虫，No.153（1991）
4) 小松孝寛，ヒメシロチョウ♀，蝶研フィールド，Vol.1，No.9（1986）
5) 小松孝寛，スジボソヤマキチョウの産卵，駿河の昆虫（投稿中）
6) 小松孝寛，3年もんのツマキチョウ，蝶研フィールド，Vol.2，No.10（1987）
7) 小松孝寛，タケツノアブラムシを食べるゴイシシジミの一令幼虫，インセクタリゥム，Vol.21，N0.8（1984）
8) 小松孝寛，オオルリシジミ幼虫，蝶研フィールド，蝶研フィールド，Vol.1，No.9（1986）
9) 小松孝寛，オオルリシジミ，インセクタリゥム，Vol.23，No.12（1986）
10) 珍重を守れ:村条例に罰則規定，朝日新聞，May 23（1984）
11) 小松孝寛，クロキの花とサアツマシジミ幼虫，蝶研フィールド，Vol.2，No.12（1987）
12) 珍種の蝶がいた，毎日新聞，Sep.29（1974）
13) 種子島から伊豆山中へ6日間で飛んだ，毎日新聞，June 23（1988）
14) 福田晴夫，アサギマダラの季節的移動，インセクタリゥム，Vol.28，No.12（1991）
15) 延岡の低地にいたシータテハ，夕刊デイリー，June 11（1986）
16) 小松孝寛，サナエに襲われたクジャクチョウ，日本の生物，11月号（1987）
17) 台湾産のタテハモドキ発見，夕刊デイリー，Sep.18（1973）
18) 小松孝寛，タテハモドキ，インセクタリゥム，Vol21，No.12（1984）
19) 寒さ耐え県内土着か，宮崎日々新聞，Oct.3（1977）
20) 行縢町（延岡）にオオムラサキ，夕刊デイリー，Jan.19（1987）
21) 小松孝寛，登母祖でキバネセセリの吸蜜を撮影，宮崎の蝶，no.42（1989）
22) 小松孝寛，富士川中流南部町にてミヤマシジミを撮影，No.144（1988）
23) 伊藤克一，小松孝寛，山梨県芦川流域のミドリシジミ類，No.146（1989）
24) 加茂川中学校生物クラブ，アゲハチョウの個体変異調べ，朝日新聞，Sep.29（1964）
25) 生物クラブレポート，アゲハチョウの個体変異について，加茂川，15号（1965）
26) 貴重な広葉樹を伐採，朝日新聞，Nov.24（1983）
27) 自然林伐採:森が危ない，大分合同新聞，July 31（1989）
28) 自然植生国土の2割切る，日本経済新聞，Jan.13（1989）
29) スギ花粉4年で最大，日本経済新聞，May 12（1990）
30) 見直したいゴルフ場開発，日本経済新聞社説，Jan.23（1990）
31) 夏のゴルフ場は薬漬け，静岡新聞，Apr.29（1989）
32) 原生林の伐採凍結など要望，夕刊デイリー，Apr.23（1984）
33) 天然杉の可能性強い，読売新聞，Feb.23（1986）
34) 天然杉群落残る鬼ノ目山を保護，読売新聞，Mar.21（1986）
35) 天然林の伐採やめる，読売新聞，Mar.9（1986）
36) 広葉樹の造林スタート，日本経済新聞，Apr.20（1988）
37) ゴルフ場乱造ストップ，毎日新聞，Sep.29（1988）
38) スキー場計画白紙撤回を，毎日新聞，June 6（1990）

小松　孝寛（こまつたかひろ）

1949年　京都市北区に生まれる。
1965年　京都市立加茂川中学校生物クラブ部長
1974年　旭化成入社とともに宮崎県延岡市に移る。
1978年　延岡市櫛津町へ転居。
1982年　昆虫の生態写真を撮り始める。
1986年　静岡県富士市松岡へ転居。
現　在　旭化成工業株式会社富士支社に勤務。

写真製版　大洋工業株式会社
印刷製本　株式会社　耕文社

〈表　紙〉　朝霧高原から見た富士山

〈裏表紙〉　アザミで吸蜜中のクロセセリ